FORSCHUNGSBERICHTE DES LANDES NORDRHEIN-WESTFALEN

Nr. 1902

Herausgegeben im Auftrage des Ministerpräsidenten Heinz Kühn
von Staatssekretär Professor Dr. h. c. Dr. E. h. Leo Brandt

DK 519.413:519.422

Dr. rer. nat. Ekkehard Altmann

Rhein.-Westf. Institut für Instrumentelle Mathematik (IIM) Bonn

Anwendung der Theorie der Faktorisierungen

(Nr. 20 der Schriften des IIM · Serie A)

WESTDEUTSCHER VERLAG · KÖLN UND OPLADEN 1968

Diese Veröffentlichung ist zugleich Nr. 20 der »Schriften des Rheinisch-Westfälischen Institutes für Instrumentelle Mathematik an der Universität Bonn (Serie A)«.

ISBN 978-3-322-96083-2 ISBN 978-3-322-96217-1 (eBook)
DOI 10.1007/978-3-322-96217-1

Verlags-Nr. 011902

Gesamtherstellung: Westdeutscher Verlag ·

Inhalt

Einleitung

Ist eine endliche Gruppe G direktes Produkt von s Untergruppen U_ι, dann gilt:

1) Je zwei Faktoren U_ι und $U_\varkappa$ mit $\iota \neq \varkappa$ sind elementeweise miteinander vertauschbar.
2) Die Gruppe G ist Komplexprodukt sämtlicher U_ι.
3) Jede Gruppe U_ι hat mit dem Produkt $\prod_{\substack{\varkappa=1 \\ \varkappa \neq \iota}}^{s} U_\varkappa$ trivialen Durchschnitt.

In vielen Fällen kann man aus der Kenntnis gewisser Eigenschaften der Faktoren U_ι Schlüsse auf gewisse Eigenschaften der Gesamtgruppe G ziehen.
Fordert man statt 1) nur, daß je zwei Faktoren U_ι, $U_\varkappa$ als Komplexe miteinander vertauschbar sind, so erhält man nach B. H. Neumann eine Zerlegung von G in ein »allgemeines Produkt« (general product).
Natürlich wird dann die Untersuchung viel schwieriger als bei den direkten Produkten. So stößt man schon bei Auflösbarkeitsuntersuchungen auf große Schwierigkeiten. Eine Zusammenfassung darüber findet sich in einem Vortrag, den B. Huppert [9] im März 1954 im Mathematischen Kolloquium der Humboldt-Universität zu Berlin gehalten hat.
Das Hauptinteresse der vorliegenden Arbeit gilt Fragen, die mit der Automorphismengruppe der Gesamtgruppe zusammenhängen. Es ist klar, daß neben den (als bekannt angenommenen) Eigenschaften der Faktoren U_ι auch die Einbettung der U_ι in die Gesamtgruppe eine wichtige Rolle spielt.
Aus diesem Grunde wird zuerst (Kapitel I) eine Einführung in die Theorie der Faktorisierungen nach Rédei und Szép gebracht, ergänzt durch Ergebnisse aus einer früheren Arbeit des Verfassers [1].
Die allgemeinen Fundamentalsätze werden z. T. unter Berufung auf die Literatur ohne Beweis angegeben. Dort jedoch, wo ein Beweis nicht schwierig oder für das weitere Verständnis förderlich ist, wird dieser gebracht.
Als unmittelbare Anwendung bringt der zweite Teil des Kapitel I eine Folgerung aus dem Satz von Feit-Thompson über die Auflösbarkeit der Gruppen ungerader Ordnung. Es wird gezeigt: Ist die Ordnung einer endlichen Gruppe nicht durch 16 teilbar, so ist diese Gruppe genau dann auflösbar, wenn in ihr ein 2-Sylow-Komplement existiert, und sie nicht die bekannte Gruppe G^{168} als homomorphes Bild besitzt (vgl. hierzu B. Huppert [9]).
Kapitel II ist der Bestimmung der Automorphismengruppen von faktorisierten auflösbaren Gruppen und von Schreierschen Erweiterungen mit teilerfremden Ordnungen gewidmet: Gesucht werden Methoden, die es gestatten, mit Hilfe der die Faktorisierungen bestimmenden Gesetze die zugehörigen Automorphismengruppen mit der Hand oder der Maschine aus den Automorphismengruppen der einzelnen Faktoren zu berechnen. Es zeigt sich, daß nur die Kenntnis gewisser »zulässiger« Automorphismen der Faktoren nötig ist. Dabei heißt ein Automorphismus eines Faktors zulässig, wenn er mit den die Faktorisierung bestimmenden Vertauschungsregeln in einem bestimmten Sinn verträglich ist.
Das Nachprüfen der Zulässigkeit läuft im Prinzip auf folgendes hinaus: Die Faktoren U_ι werden homomorph in die symmetrischen Gruppen $S_{|U_\varkappa|}$ abgebildet ($\varkappa \neq \iota$). Es werden die Automorphismen von $U_\varkappa$ herausgesucht, welche diese homomorphen Bilder in

einem bestimmten Sinn normalisieren. Diese normalisierenden Automorphismen induzieren innere Automorphismen auf den Bildern von U_ι. Von den Bildern unter diesen inneren Automorphismen müssen dann die Urbilder in U_ι aufgesucht werden.

Hierbei steht man, zumindest bei Gruppen größerer Ordnung, rechnerisch scheinbar vor unrentabel schweren Problemen. Diese werden aber durch einen einfachen Kunstgriff umgangen: Die Elemente, die das gleiche Bild haben, werden nach Anwendung des Homomorphismus nicht miteinander identifiziert. Einem jedem wird als Index sein Urbild angeheftet. Es müssen dann nur noch je zwei Matrizenpaare verglichen werden.

Abschließend wird für Schreiersche Erweiterungen mit teilerfremden Ordnungen eine Abschätzung der Ordnung der Automorphismengruppe angegeben.

Der dem zweiten Teil von Kapitel II vorangestellte Satz schlägt eine Brücke zu Kapitel III. Diese bringt eine Einführung der Krullschen ω-Sylowgruppen, wie sie z. T. von W. Brauer [3] behandelt worden sind. Die Theorie der Faktorisierungen ermöglicht es hier, das Verhalten dieser Gruppen zu den Hallschen Systemnormalisatoren näher zu untersuchen.

Sämtliche vorangegangenen Kapitel stellen Hilfsmittel dar für das Kapitel IV.

Hier werden zunächst die auf L. Kaloujnine zurückgehenden Stabilitätsgruppen eingeführt, und es wird ihre Beziehung zur Cohomologietheorie angegeben.

Die Eigenschaften dieser Stabilitätsgruppen sind durch Arbeiten von L. Kaloujnine, I. J. Mohamed, R. Baer und anderen genau bekannt. Die Frage, wann überhaupt nichttriviale Stabilitätsgruppen existieren, gewinnt dadurch an Bedeutung, daß die zu charakteristischen Untergruppen gehörigen Stabilitätsgruppen abelsche Normalteiler der Automorphismengruppe sind. Man kann sie aus diesem Grunde benutzen, aus der Struktur der Grundgruppe Strukturaussagen über ihre Automorphismengruppe abzuleiten.

Es gilt also zu untersuchen, in welchen Gruppen charakteristische Untergruppen mit nichttrivialer Stabilitätsgruppe existieren. Dabei zeigt es sich, daß es genügt, sich auf die abelschen charakteristischen Untergruppen zu beschränken. Gibt es eine solche, die nicht im Zentrum enthalten ist, dann liefert diese bereits eine nichttriviale Stabilitätsgruppe.

Eine Gruppe heißt zentralabelsch, wenn das Zentrum maximale abelsche charakteristische Untergruppe ist, sie heißt stabil, wenn sie nur triviale Stabilitätsgruppen charakteristischer Untergruppen besitzt.

Die weitere Untersuchung beschränkt sich auf zentralabelsche auflösbare Gruppen und zentralabelsche Gruppen mit Hallschen Normalteilerketten. Auflösbare Gruppen lassen sich bekanntlich (P. Hall [5]) in mannigfacher Weise als Produkt von Untergruppen teilerfremder Ordnung darstellen. Für Gruppen mit Hallschen Normalteilerketten liefert der dem zweiten Teil von Kapitel II vorangestellte Satz eine Faktorisierung. Diese Gruppen sind bereits dann schon abelsch, wenn es ihre Faktoren sind.

Ihr Zentrum läßt sich darstellen als direktes Produkt der Zentren der in den Faktoren enthaltenen maximalen Normalteiler der Gesamtgruppe.

Da bei zentralabelschen Gruppen die Stabilitätsgruppen stark mit gewissen zentralen Endomorphismen zusammenhängen, lassen sich hier einige Untergruppen angeben, welche die Lage von charakteristischen Untergruppen mit nichttrivialer Stabilitätsgruppe einschränken.

Mehrere Stabilitätskriterien schließen das Kapitel ab.

Diese Arbeit wurde angeregt durch Herrn Professor Dr. Dr. h. c. Wolfgang Krull, der sich für Faktorisierungen und Automorphismen von ω-Sylowgruppen interessierte. Ihm und Herrn Professor Dr. Helmut Schiek danke ich für wertvolle Ratschläge.

KAPITEL I

Die allgemeine Theorie der Faktorisierungen nach RÉDEI-SZÉP

§ 1 Bestimmungsstücke

Gegeben seien zwei Gruppen $U_\iota (\iota = 1, 2)$. Gesucht werden alle Gruppen G, die zu U_ι isomorphe Untergruppen U_ι^* mit $G = U^* \cdot U_2^*$ und $U_1^* \cap U_2^* = \{e_G\}$ besitzen. Eine solche Gruppe heißt dann »allgemeines Produkt« von U_ι $(\iota = 1, 2)$, und die Gruppe G heißt »faktorisiert« in ein Produkt zweier Untergruppen.

Ist K ein Komplex aus U_ι, dann verstehen wir unter K^* stets den durch den Isomorphismus $U_\iota^* \cong U_\iota$ gegebenen Komplex aus U_ι^*. Wir sagen, K habe in G die Eigenschaft E, wenn K^* diese Eigenschaft in G hat. Wenn nicht anders angegeben, sei unter ι, $\varkappa$ immer $\iota \neq \varkappa$ $(\iota, \varkappa = 1, 2)$ verstanden.

Eine Gruppe G sei zerlegt in $G = U_1 \cdot U_2$ mit $U_1 \cap U_2 = \{e_G\}$. Jedem $u_\iota \in U_\iota$ $(\iota = 1, 2)$ ist eine Abbildung $u_{\iota^\varkappa}$ von $U_\varkappa$ in $U_\varkappa$ zugeordnet durch die Vorschrift:

(1) $$u_{1^2}u_2 = U_1 u_2 u_1 \cap U_2 \qquad \text{für alle} \quad u_2 \in U_2,$$

(2) $$u_{2^1}u_1 = u_2 u_1 U_2 \cap U_1 \qquad \text{für alle} \quad u_1 \in U_1.$$

Diese Abbildungen bestimmen zusammen mit den Relationen von U_1 und U_2 die Struktur der Gruppe G, denn es gilt:

$$u_2 \cdot u_1 = u_{2^1}u_1 \cdot u_{1^2}u_2.$$

Beweis: Aus (1) folgt $(u_1^{-1}u_2^{-1} U_1 \cap U_2) \cdot u_{1^2}u_2 = e_G$, und daraus durch Multiplikation von links mit $u_2 u_1$ nach Einsetzen von (2) die Behauptung.

Als Umkehrung führen wir ohne Beweis an:

Satz 1 (RÉDEI-SZÉP): Seien U_1 und U_2 zwei Gruppen. Jedem $u_\iota \in U_\iota$ sei eine Abbildung $u_{\iota^\varkappa}$ von $U_\varkappa$ in $U_\varkappa$ zugeordnet. Die Menge aller Paare $\langle u_1, u_2\rangle$, $\langle v_1, v_2\rangle, \ldots$ mit $u_\iota, v_\iota \in U_\iota$ $(\iota = 1, 2)$ und der Verknüpfungsregel

$$\langle u_1, u_2\rangle \langle v_1, v_2\rangle = \langle u_1 \cdot u_{2^1}v_1, v_{1^2}u_2 \cdot v_2\rangle$$

ist genau dann eine Gruppe G, wenn gilt:

E 1) $$e_{1^2}u_2 = u_2, \qquad e_{2^1}u_1 = u_1,$$

E 2) $$u_{1^2}e_2 = e_2, \qquad u_{2^1}e_1 = e_1,$$

E 3) $$(u_1 v_1)_{^2} u_2 = v_{1^2}(u_{1^2}u_2), \qquad (u_2 v_2)_{^1} u_1 = u_{2^1}(v_{2^1}u_1),$$

E 4) $$u_{1^2}(u_2 v_2) = (v_{2^1}u_1)_{^2}\, u_2 \cdot u_{1^2}v_2, \qquad u_{2^1}(u_1 v_1) = u_{2^1}u_1 \cdot (u_{1^2}u_2)_{^1}\, v_1.$$

Ist $U_1^* = \{\langle u_1, e_2\rangle \mid u_1 \in U_1\}$ und $U_2^* = \{\langle e_1, u_2\rangle \mid u_2 \in U_2\}$, dann sind U^* und U_1^* auf Grund der Zuordnung $u_1^* = \langle u_1, e_2\rangle \leftrightarrow u_1$ und $u_2^* = \langle e_1, u_2\rangle \leftrightarrow u_2$ und der vorgegebenen Verknüpfungsregel zu U_1 bzw. U_2 isomorphe Untergruppen von G mit $G = U_1^* \cdot U_2^*$, $U_1^* \cap U_2^* = \{\langle e_1, e_2\rangle\} = \{e_G\}$, und wir haben die dazugehörigen Abbildungen gegeben durch ${u_\iota^*}{}^{\varkappa} u_\varkappa^* = (u_\iota{}^{\varkappa} u_\varkappa)^*$. G ist allgemeines Produkt von U_1 und U_2, und jedes allgemeine Produkt zweier Gruppen kann auf diese Weise erhalten werden. Aus E 1) und E 3) folgt, daß die Abbildungen $u_\iota{}^{\varkappa}$ Permutationen von $S_{U_\varkappa}$ sind, und ihre Gesamtheiten Gruppen bilden. Diese seien mit $\Pi_{\iota,\varkappa}$ bezeichnet. Sie sind homorphe Bilder von U_ι.

Satz 2: Die Menge aller $u_\iota \in U_\iota$ mit $u_\iota{}^{\varkappa} u_\varkappa = u_\varkappa$ für alle $u_\varkappa \in U_\varkappa$ bildet den maximalen zu U_ι gehörigen Normalteiler N_ι von G.

Beweis: $u_\iota{}^{\varkappa} u_\varkappa = u_\varkappa$ für alle $u_\varkappa \in U_\varkappa$ ist gleichwertig mit $(u_\varkappa{}^{\iota} u_\iota)^* = u_\varkappa^{*-1} u_\iota^* u_\varkappa^*$, und das mit $u_\varkappa^{*-1} u_\iota^* u_\varkappa^* \in U_\iota^*$ wegen $U_1^* \cap U_2^* = \{e_G\}$.
Der Normalteiler N_ι bestimmt den Homomorphismus $U_\iota \to \Pi_{\iota,\varkappa}$ und es gilt $U_{\bar\iota} = U_\iota/N_\iota \cong \Pi_{\iota,\varkappa}$. Jeder Nebenklasse $u_{\bar\iota} = u_\iota N_\iota$ von N_ι in U_ι ist die gleiche Permutation wie u_ι zugeordnet. Sie werde mit $u_{\bar\iota}{}^{\varkappa}$, und ihre Gesamtheit mit $\Pi_{\bar\iota,\varkappa}$ bezeichnet. Aus E 4) folgt

Satz 3: Die Permutationsgruppe $\Pi_{\iota,\varkappa}$ induziert auf $N_\varkappa$ eine Automorphismengruppe und eine Permutationsgruppe $\Pi_{\iota,\bar\varkappa}$ von $U_{\bar\varkappa}$.

Beweis für $\iota = 1, \varkappa = 2$: Wegen $(u_1{}^{2} u_2)^{1} v_1 = (u_2{}^{1} u_1)^{-1} \cdot u_2{}^{1}(u_1 v_1)$ ist mit u_2 auch jedes $u_1{}^{2} u_2 \in N_2$ für alle $u_1 \in U_1$. Aus $u_1{}^{2}(u_2 v_2) = u_1{}^{2} u_2 \cdot u_1{}^{2} v_2$ für $u_2 \in U_2$, $v_2 \in N_2$ und $u_1 \in U_1$ folgt dann die Behauptung.

Satz 4: Die Menge aller $u_\iota \in U_\iota$ mit $u_\varkappa{}^{\iota} u_\iota = u_\iota$ für alle $u_\varkappa \in U_\varkappa$, die »Fixgruppe« M_ι von $\Pi_{\varkappa,\iota}$, bestimmt den Normalisator $N(U_\varkappa^* \subseteq G)$, und es gilt: $M_\iota^* = N(U_\varkappa^* \subseteq G) \cap U_\iota^*$; $N(U_\varkappa^* \subseteq G) = M_\iota^* \cdot U_\varkappa^* = U_\varkappa^* \cdot M_\iota^*$.

Beweis: $u_\varkappa{}^{\iota} u_\iota = u_\iota$ für alle $u_\varkappa \in U_\varkappa$ ist gleichwertig mit $u_\iota^{*-1} u_\varkappa^* u_\iota^* \in U_\varkappa^*$. Ist $u_\iota \in M_\iota$, dann gilt für alle $v_\varkappa \in U_\varkappa$: $v_\varkappa^{*-1} u_\iota^{*-1} u_\varkappa^* u_\iota^* v_\varkappa^* \in U_\varkappa$, also $u_\iota^* v_\varkappa^* \in N(U_\varkappa^* \subseteq G)$. Ist $(u_\iota^* v_\varkappa^*)^{-1} u_\varkappa (u_\iota^* v_\varkappa^*) \in U_\varkappa^*$, dann ist auch $u_\iota^{*-1} u_\varkappa^* u_\iota^* \in U_\varkappa^*$, und damit $u_\iota \in M_\iota$.

Satz 5: Sei G endlich. Die Anzahl der Konjugierten von $U_\varkappa^*$ in G ist gleich dem Index von $M_\varkappa$ in $U_\varkappa$.

Beweis: $[U_\iota^* U_\varkappa^* : U_\iota^* M_\varkappa^*] = [U_\varkappa^* : M_\varkappa^*]$.

Satz 6: Für jedes $u_\iota \in M_\iota$ ist $u_\iota{}^{\varkappa}$ ein Automorphismus von $U_\varkappa$. Ist $N_\iota = \{e_\iota\}$, dann ist M_ι die maximale Untergruppe von U_ι, welche Automorphismen von U_ι erzeugt.

Beweis: Ist $u_\iota \in M_\iota$, dann gilt für alle $u_\varkappa, v_\varkappa \in U_\varkappa$ wegen $v_\varkappa{}^{\iota} u_\iota = u_\iota$ die Gleichung $u_\iota{}^{\varkappa}(u_\varkappa v_\varkappa) = u_\iota{}^{\varkappa} u_\varkappa \cdot u_\iota{}^{\varkappa} v_\varkappa$. Aus $(v_\varkappa{}^{\iota} u_\iota)^{\varkappa} u_\varkappa = u_\iota{}^{\varkappa} u_\varkappa$ für alle $u_\varkappa, v_\varkappa \in U_\varkappa$ folgt $v_\varkappa{}^{\iota} u_\iota \in u_\iota N_\iota$ für alle $v_\varkappa \in U_\varkappa$, und daraus für $N_\iota = \{e_\iota\}$, $v_\varkappa{}^{\iota} u_\iota = u_\iota$ für alle $v_\varkappa \in U_\varkappa$, also $u_\iota \in M_\iota$.

Satz 7 (Szép): Zu jedem $N \lhd G$ gibt es $N_\iota \lhd U_\iota$ $(\iota = 1, 2)$ mit $N = N_1 \cdot N_2$, falls $(|U_1|, |U_2|) = 1$ ist.

Beweis: Für jedes $n \in N$ gibt es $u_\iota \in U_\iota$ mit $n = u_1 \cdot u_2$. Daraus folgt $u_1^{-1} n u_1 = u_2 u_1 \in N$, und daraus dann $u_1^k u_2^k \in N$ für jedes natürliche k. Wegen $(|u_1|, |u_2|) = 1$ folgt dann aber $u_\iota \in U_\iota$, und wir haben $N_\iota = N \cap U_\iota$ $(\iota = 1, 2)$ und $N_1 N_2 = N_2 N_1$, da ebenso für $n = u_2 \cdot u_1$ folgt $u_\iota \in N$.

Satz 8: G/N_ι^* ist allgemeines Produkt von $U_{\bar\iota} = U_\iota/N_\iota$ und $U_\varkappa$ mit den dazugehörigen Permutationsgruppen $\Pi_{\bar\iota,\varkappa}$ und $\Pi_{\varkappa,\bar\iota}$. Es ist $N_{\bar\iota} = \{e_{\bar\iota}\}$.

Beweis: Es ist $G/N_\iota^* \cong \{\langle u_\varkappa, u_\iota N_\iota\rangle \mid u_\varkappa \in U_\varkappa, u_\iota \in U_\iota\}$ durch die Zuordnung $u_\varkappa^* u_{\bar\iota}^* = u_\varkappa^* u_\iota^* N_\iota \leftrightarrow \langle u_\varkappa, u_\iota N_\iota\rangle = \langle u_\varkappa, u_{\bar\iota}\rangle$. Die Verknüpfungstreue folgt aus den Sätzen 2 und 3. $N_{\bar\iota} = \{e_{\bar\iota}\}$ ist trivial erfüllt wegen $e_\iota = N_\iota$.

$N_{1,\varkappa} = \{u_\varkappa \in U_\varkappa \mid u_{\varkappa}{}^{\iota} u_\iota \in u_\iota N_\iota$ für alle $u_\iota \in U_\iota\}$ ist der größte in $U_\varkappa$ enthaltene Normalteiler des allgemeinen Produktes G/N_ι von $U_{\bar\iota}$ und $U_\varkappa$. Es ist $U_\varkappa/N_{1,\varkappa} \cong \Pi_{\varkappa,\bar\iota}$ und $N_{1,\varkappa} \supseteq N_\varkappa$. Wegen $u_{\bar\iota}{}^{\varkappa} u_\varkappa = u_\iota{}^{\varkappa} u_\varkappa$ ist $M_\varkappa$ auch die »Fixgruppe« der Permutationsgruppe $\Pi_{\bar\iota,\varkappa}$. Die »Fixgruppe« $M_{\bar\iota} = M_{1,\iota}/N_\iota$ der Permutationsgruppe $\Pi_{\varkappa,\bar\iota}$ ist bestimmt durch $M_{1,\iota} = \{u_\iota \in U_\iota \mid u_{\varkappa}{}^{\iota} u_\iota \in u_\iota N_\iota$ für alle $u_\varkappa \in U_\varkappa\}$, und es gilt $M_{1,\iota} \supseteq M_\iota N_\iota$. $U_{\bar\iota}$ hat daher in G/N_ι^* genausoviel Konjugierte wie U_ι in G, und die Anzahl der Konjugierten von $U_\varkappa$ in G/N_ι^* ist ein Teiler der von $U_\varkappa$ in G.

Satz 9: $G/N_1^* N^*$ ist allgemeines Produkt von $U_{\bar\iota} = U_\iota/N_\iota$ $(\iota = 1, 2)$. Die dazugehörigen Permutationsgruppen sind $\Pi_{\bar\iota,\bar\varkappa} = \Pi_{\iota,\bar\varkappa}$ und $\Pi_{\bar\varkappa,\bar\iota} = \Pi_{\varkappa,\bar\iota}$.

Der *Beweis* läuft ähnlich dem von Satz 8.
Zum Beweis des ersten Teils von Satz 9 wird nur benutzt, daß $N^* N^* \lhd G$, $N_\iota \lhd U_\iota$ $(\iota = 1, 2)$. Wir erhalten deshalb den die Sätze 8 und 9 als Spezialfälle enthaltenden

Satz 10: Ist $N \lhd G$ mit $N = N_{(1)} N_{(2)}$, $N_{(\iota)} \lhd U_\iota$ $(\iota = 1, 2)$ (vgl. Satz 7!), dann ist G/N allgemeines Produkt von $U_\iota/N_{(\iota)}$ $(\iota = 1, 2)$.

Sei φ ein Homomorphismus von G. Dann ist nach Satz 10 durch die Faktorisierung $G = U_1 \cdot U_2$, $U_1 \cap U_2 = \{e_G\}$ auf kanonische Weise eine Faktorisierung von φG gegegeben: $\varphi G = \varphi U_1 \cdot \varphi U_2$, $\varphi U_1 \cap \varphi U_2 = \{e_{\varphi G}\}$. Durch φ_1, φ_2, $\varphi_{1,2}$ seien folgende Operatoren definiert: Für jeden Homomorphismus φ von G ist φ_ι der Homomorphismus von φG auf $\varphi G/N_{\iota(\varphi)}$ $(\iota = 1, 2)$, und $\varphi_{1,2}$ der Homomorphismus von φG auf $\varphi G/N_{1(\varphi)} N_{2(\varphi)}$, wobei $N_{\iota(\varphi)}$ der maximale in φU_ι enthaltene Normalteiler von φG ist.

Satz 11: Kommt man bei beliebiger Hintereinanderausführung der in den Sätzen 8 und 9 beschriebenen Verfahren nach endlich vielen Schritten einmal zu einer Gruppe G, die allgemeines Produkt zweier in ihr antiinvarianter Gruppen U_1 und U_2 ist, dann ist diese (bis auf Isomorphie) eindeutig bestimmt. (Bei endlichen auflösbaren Gruppen besteht diese Gruppe natürlich nur aus dem Einselement.)

Beweis: φ_1, φ_2, $\varphi_{1,2}$ seien wie oben definiert. Es gilt dann $\varphi_\iota \varphi_\iota = \varphi_\iota$, $\varphi_{1,2}\varphi_\iota = \varphi_\varkappa \varphi_\iota$, $\varphi_\iota \varphi_{1,2} = \varphi_\iota \varphi_\varkappa$. Es sind also nur die Homomorphismen $(\varphi_2\varphi_1)^r$, $(\varphi_1\varphi_2)^s$, $(\varphi_{1,2})^t$ zu untersuchen. Ist m so gewählt, daß $(\varphi_\iota\varphi_\varkappa)^{m+1} G = (\varphi_\iota\varphi_\varkappa)^m G$, dann ist $(\varphi_\iota\varphi_\varkappa)^m G = \varphi_\iota (\varphi_{1,2})^{2m-1} G = \varphi_{1,2}(\varphi_{1,2})^{2m-1} G = (\varphi_{1,2})^{2m} G$. Ist n so gewählt, daß $(\varphi_{1,2})^{2n+1} G = (\varphi_{1,2})^{2n} G$, dann ist $(\varphi_{1,2})^{2n} G = \varphi_\iota\varphi_\varkappa (\varphi_{1,2})^{2n} G = (\varphi_\iota\varphi_\varkappa)^{n+1} G$. Damit ist schon alles bewiesen.

Als Abschluß der allgemeinen Theorie seien noch ohne Beweis angegeben:

Satz 12 (Rédei-Szép): Gegeben seien zwei Gruppen U_1 und U_2 und eine Permutationsgruppe $\Pi_{1,2}$ mit $N_1 = \{e_1\}$ und den Eigenschaften E 1)$_1$ bis E 3)$_1$. Dann existiert zu jedem Paar (v_2, u_1) mit $u_1 \in U_1$, $v_2 \in U_2$ höchstens ein $v_1 \in U_1$, so daß für alle $u_2 \in U_2$ gilt: $v_1{}^2 u_2 = u_1{}^2(u_2 v_2) \cdot (u_1{}^2 v_2)^{-1}$. Hat diese Gleichung für jedes Paar (v_2, u_1) eine Lösung, so ist durch die Zuordnung $(v_2, u_1) \to v_1$ jedem $v_2 \in U_2$ eine Permutation $v_2{}^1$ von S_{U_1} zugeordnet mit $v_2{}^1 u_1 = v_1$. Die Gesamtheit dieser Permutationen bildet eine Gruppe $\Pi_{2,1}$ mit den Eigenschaften E 1)$_2$ bis E 4)$_2$ und E 4)$_1$. Hat aber diese Gleichung keine Lösung, dann gibt es zu $\Pi_{1,2}$ keine Permutationsgruppe $\Pi_{2,1}$ mit E 1) bis E 4).

Satz 13 (Szép): Gibt es in einem U_ι ein Element u_ι mit $|u_\iota| = p_1^{\alpha_1} \cdot \ldots \cdot p_r^{\alpha_r}$ (p_j Primzahlen, $p_j \neq p_k$, $j, k = 1, \ldots, r$) und $p_1^{\alpha_1} + \cdots + p_r^{\alpha_r} \geqq |U_\varkappa|$, dann gilt $N_\iota \neq \{e_\iota\}$.

Satz 14: Sei $m_2 \in M_2$, $u_2 \in U_2$, $u_1 \in U_1$. Dann ist $u_1{}^2(u_2 m_2) = u_1{}^2 u_2 \cdot m_2$. Ähnliches gilt für $m_1 \in M_1$, $u_1 \in U_1$, $u_2 \in U_2$.

§ 2 Eine Folgerung aus dem Satz von FEIT-THOMPSON

Mit Hilfe des Satzes von FEIT-THOMPSON, daß jede Gruppe ungerader Ordnung auflösbar ist, läßt sich folgende Aussage über die Auflösbarkeit von Gruppen gerader Gruppen gewinnen:

Satz: Ist die Ordnung einer Gruppe, welche die einfache Gruppe $L(7,2)$ der Ordnung 168 nicht als homomorphes Bild besitzt, nicht durch 16 teilbar, dann ist diese Gruppe genau dann auflösbar, wenn in ihr ein 2-Sylow-Komplement existiert (vgl. hierzu B. HUPPERT [9]).

Beweis: Die eine Richtung der Behauptung ist bekannt nach P. HALL. Sei $G = U_1 \cdot U_2$, $|U_1| = n$ (n ungerade), $|U_2| = 2^r$ $(0 \leqq r \leqq 3)$. Für $r = 0$ folgt die Behauptung aus dem Satz von FEIT-THOMPSON. Ist $r = 1$, dann besitzt G einen Normalteiler ungerader Ordnung vom Index 2, ist daher auflösbar. Für $r = 2$ hat $\Pi_{1,2}$ als Permutationsgruppe ungerader Ordnung auf $|U_2| - 1$ Elementen die Ordnung 1 oder 3. G/N_1 hat daher die Ordnung $3^j \cdot 2^k$ und ist daher auflösbar. Da N_1 ungerade Ordnung hat, folgt die Behauptung. Für $r = 3$ sind einige Fallunterscheidungen nötig:
1) Ist U_1 normal in G, dann ist G auflösbar.
2) Genau zwei Konjugierte kann U_1 in G nicht haben, denn es gilt der

Hilfssatz: Ist $|G| = 2^s \cdot n$ (n ungerade), $G = U_1 \cdot U_2$, $|U_1| = n$, $|U_2| = 2^s$, dann kann U_1 in G nicht genau zwei Konjugierte haben. Denn dann wäre $U_1 \lhd U_1 M_2 = N(U_1 \subseteq G) \lhd G$. G wäre also auflösbar (das reichte in unserem Fall schon!), und daher wäre 2 darstellbar als Produkt von Faktoren, von denen jeder kongruent 1 modulo einem Primteiler von n wäre.
3) U_1 habe genau 4 Konjugierte in G. Es ist dann $|M_2| = 2$. Aus Satz 14 folgt, daß $\Pi_{1,2}$ die Ordnung 3 hat. G/N_1 ist also wieder auflösbar, und daher auch G.
4) U_1 habe genau 8 Konjugierte in G. Es ist dann $M_2 = \{e_2\}$. $\Pi_{1,2}$ ist in die symmetrische Gruppe S_7 einbettbar. Ist die Ordnung von $\Pi_{1,2}$ nicht durch 7 teilbar, dann kommen für G/N_1 nur die Ordnungen 24, 40, 72, 120, 360 in Frage. Für die ersten drei Fälle ist G/N_1 und daher G auflösbar. Hat G/N_1 die Ordnung 120, dann kann es nur dann nicht auflösbar sein, wenn es eine zur alternierenden Gruppe A_5 isomorphe Faktorgruppe oder Untergruppe A besitzt. Im ersten Fall enthielte G/N_1 einen Normalteiler der Ordnung 2, was wegen der Sätze 7 und 8 nicht möglich ist; im zweiten Fall hätte A den Index 2 in G/N_1, wäre also nach Satz 7 faktorisierbar in eine Untergruppe der Ordnung 15 und eine der Ordnung 4. Das ist aber nicht möglich (siehe $r = 2$!). Hat G/N_1 die Ordnung 360, dann hat U_1/N_1 die Ordnung 45 und enthält daher ein Element der Ordnung $15 = 3 \cdot 5$. Wegen $3 + 5 \geqq 8 = |U_2|$ erhalten wir einen Widerspruch zu den Sätzen 8 und 13. Für den Fall, daß die Ordnung von $\Pi_{1,2}$ durch 7 teilbar ist, enthält $\Pi_{1,2}$ ein Element der Ordnung 7, ist also transitiv auf den von dem Einselement verschiedenen 7 Elementen von U_2. Da $\Pi_{1,2}$ als Gruppe ungerader Ordnung auflösbar ist, ist $\Pi_{1,2}$ isomorph zu einer linearen Gruppe $L(7, h)$ mit $h/6$ (vgl. KULL [12]), hat also die Ordnung 7 oder 21. Für die Ordnung 7 ist G/N_1 und daher G auflösbar. Für die Ordnung 21 gibt es für G/N_1 als nichtauflösbare Gruppe nur die einfache Gruppe $L(7, 2)$ der Ordnung 168. Sie ist Produkt einer Untergruppe der Ordnung 21 und einer Diedergruppe der Ordnung 8. Damit ist alles bewiesen.

KAPITEL II

Bestimmung der Automorphismengruppen von auflösbaren Gruppen und von Schreierschen Erweiterungen mit teilerfremden Ordnungen

§ 1 Auflösbare Gruppen

G sei eine auflösbare Gruppe der Ordnung $|G| = p_1^{r_1} \cdot \ldots \cdot p_s^{r_s}$ ($p_\iota \neq p_\varkappa$ für $\iota \neq \varkappa$, p_ι Primzahlen, $\iota = 1, \ldots, s$). Sei $P_1, \ldots, P_s$ ein vollständiges System paarweise vertauschbarer Sylowgruppen (Sylowbasis) von G. Es ist dann $G = P_1 \cdot \ldots \cdot P_s$. Jeder Automorphismus α von G führt die Sylowbasis $P_1, \ldots, P_s$ über in eine dazu konjugierte $P_1^+, \ldots, P_s^+$, d. h. es gibt (P. HALL) ein $g \in G$ mit

$$\tau(g) P_\iota = P_\iota^+ = \alpha P_\iota \qquad (\iota = 1, \ldots, s).$$

$\alpha_1 = \tau(g^{-1})\,\alpha$ ist also ein Automorphismus von G mit $\alpha_1 P_\iota = P_\iota (\iota = 1, \ldots, s)$, und es ist $\alpha_1 \mid_{P_\iota} = \pi_\iota \in \mathfrak{A}(P_\iota)$.
Verstehen wir unter $\iota, \varkappa$ immer $\iota \neq \varkappa (\iota, \varkappa = 1, \ldots, s)$, dann können wir wegen $P_\iota \cdot P_\varkappa = P_\varkappa \cdot P_\iota$ auf diese Produkte die in Kapitel I entwickelte Theorie anwenden.

Satz 1: Seien $\pi_\iota \in \mathfrak{A}(P_\iota)$ $(\iota = 1, \ldots, s)$, dann ist $\alpha = \pi_1 \cdot \ldots \cdot \pi_s$ mit $\alpha(p_1 \cdot \ldots \cdot p_s) = \pi_1 p_1 \cdot \ldots \cdot \pi_s p_s$ für $p_\iota \in P_\iota (\iota = 1, \ldots, s)$ Automorphismus von G genau dann, wenn für alle $\iota \neq \varkappa$ gilt:

$$\pi_\varkappa \circ p_\iota{}^\varkappa \circ \pi_\varkappa^{-1} = (\pi_\iota p_\iota)^\varkappa.$$

Beweis: Wegen $P_\iota \cdot P_\varkappa = P_\varkappa \cdot P_\iota$ ist offenbar notwendig und hinreichend, daß gilt $(\iota < \varkappa)$:

$\alpha(p_\varkappa p_\iota) = \alpha(p_\varkappa{}^\iota\, p_\iota \cdot p_\iota{}^\varkappa\, p_\varkappa) = \alpha p_\varkappa \cdot \alpha p_\iota = \alpha(p_\varkappa{}^\iota p_\iota) \cdot \alpha(p_\iota{}^\varkappa p_\varkappa) = (\alpha p_\varkappa{}^\iota\, \alpha p_\iota) \cdot (\alpha p_\iota{}^\varkappa \alpha p_\varkappa)$, d. h.
$\alpha(p_\varkappa{}^\iota\, p_\iota) = \alpha p_\varkappa{}^\iota\, \alpha p_\iota$ und $\alpha(p_\iota{}^\varkappa\, p_\varkappa) = \alpha p_\iota{}^\varkappa \alpha p_\varkappa$.
Das ist aber gleichwertig mit der Behauptung.

Verstehen wir unter $M_\varkappa^{(\iota)}$ die »Fixgruppe« von $\Pi_{\iota,\varkappa}$ und unter $N_\varkappa^{(\iota)}$ den maximalen in $P_\varkappa$ enthaltenen Normalteiler von $P_\iota \cdot P_\varkappa$, also den Kern des Homomorphismus $P_\varkappa \to \Pi_{\varkappa,\iota}$, dann ist $M_\varkappa = \bigcap_{\iota \neq \varkappa} M_\varkappa^{(\iota)} = N(P_1 \cdot \ldots \cdot P_{\varkappa-1} \cdot P_{\varkappa+1} \cdot \ldots \cdot P_s \subseteq G) \cap P_\varkappa$ und $N_\varkappa = \bigcap_{\iota \neq \varkappa} N_\varkappa^{(\iota)}$ der maximale in $P_\varkappa$ enthaltene Normalteiler von G. Setzen wir $M = M_1 \cdot \ldots \cdot M_s$, dann ist M der zu $P_1, \ldots, P_s$ gehörige Hallsche Systemnormalisator, und es gilt (vgl. P. HALL [8]) das

Lemma: Es ist $g \in M$ genau dann, wenn $\tau(g)\, P_\iota = P_\iota$ $(\iota = 1, \ldots, s)$.

Beweis: Ist $g \in M$ und $g = p_1 \cdot \ldots \cdot p_s$, $p_\iota \in M_\iota$, dann ist wegen $p_\varkappa \in N(P_\iota \subseteq G)$ auch $g \in N(P_\iota \subseteq G)$. Ist umgekehrt $g = p_1 \cdot \ldots \cdot p_s = q^{(\iota)} \cdot p_\iota^+$ mit $p_\iota, p_\iota^+ \in P_\iota$, $q^{(\iota)} = p_{\iota,1} \cdot \ldots \cdot p_{\iota,\iota-1} \cdot p_{\iota,\iota+1} \cdot \ldots \cdot p_{\iota,s}, p_{\iota,\varkappa} \in P_\varkappa$, dann folgt aus $\tau(g)\, P_\iota = P_\iota$ auch $\tau(q^{(\iota)})\, P_\iota = P_\iota$, und daher $q^{(\iota)} \in M_1^{(\iota)} \cdot \ldots \cdot M_{\iota-1}^{(\iota)} M_{\iota+1}^{(\iota)} \cdot \ldots \cdot M_s^{(\iota)}$, also $p_\iota^+ = p_\iota$ und $g = q^{(\iota)} \cdot p_\iota = p_{\iota,1} \cdot \ldots \cdot p_{\iota,\iota-1} \cdot p_\iota \cdot p_{\iota,\iota+1} \cdot \ldots \cdot p_{\iota,s}$. Es ist daher $g = p_1 \cdot \ldots \cdot p_s$ mit $p_\iota \in M_\iota = \bigcap_{\varkappa \neq \iota} M_\iota^{(\varkappa)}$.

Ist $\Gamma = \{\alpha \in \mathfrak{A}(G) \mid \alpha = \pi_1 \cdot \ldots \cdot \pi_s, \pi_\iota \in \mathfrak{A}(P_\iota)\}$, dann erhalten wir

Satz 2: Jede Zerlegung $G = g_1 M + \cdots + g_r M$ von G nach Restklassen von M liefert eine Zerlegung $\mathfrak{A}(G) = \tau(g_1)\, \Gamma + \cdots + \tau(g_r)\, \Gamma$ von $\mathfrak{A}(G)$ nach Restklassen von Γ.

Corollar (vgl. P. HALL [7]): Die Ordnung der Automorphismengruppe von G ist für jede Primzahl p durch die Anzahl der p-Sylow-Komplemente in G teilbar.

Ein Automorphismus π_ι von P_ι heiße zulässig, wenn es für jedes $\varkappa \neq \iota$ einen Automorphismus $\pi_\varkappa$ von $P_\varkappa$ gibt, so daß $\alpha = \pi_1 \cdot \ldots \cdot \pi_\iota \cdot \ldots \cdot \pi_s$ Automorphismus von G ist. Wir erhalten dann

Satz 3: Ist $\pi_\iota \in \mathfrak{A}(P_\iota)$ zulässig, dann gilt $\pi_\iota M_\iota^{(\varkappa)} = M_\iota^{(\varkappa)}$ für alle $\varkappa \neq \iota$.

Beweis: Sei $m_\iota^{(\varkappa)} \in M_\iota^{(\varkappa)}$. Es gibt ein $\pi_\varkappa \in \mathfrak{A}(P_\varkappa)$ mit $\pi_\varkappa p_\varkappa{}^\iota \pi_\iota m_\iota^{(\varkappa)} = \pi_\iota(p_\varkappa{}^\iota m_\iota^{(\varkappa)}) = \pi_\iota m_\iota^{(\varkappa)}$ für alle $p_\varkappa \in P_\varkappa$. Mit $p_\varkappa$ durchläuft aber auch $\pi_\varkappa p_\varkappa$ alle Elemente von $P_\varkappa$. Daraus folgt $\pi_\iota m_\iota^{(\varkappa)} \in M_\iota^{(\varkappa)}$.

Satz 4: Ist $\pi_\iota \in \mathfrak{A}(P_\iota)$ zulässig, dann gilt $\pi_\iota N_\iota^{(\varkappa)} = N_\iota^{(\varkappa)}$ für alle $\varkappa \neq \iota$.

Beweis: Sei $n_\iota^{(\varkappa)} \in N_\iota^{(\varkappa)}$. Es gibt ein $\pi_\varkappa \in \mathfrak{A}(P_\varkappa)$ mit $\pi_\iota n_\iota^{(\varkappa)} {}^\varkappa \pi_\varkappa p_\varkappa = \pi_\varkappa(n_\iota^{(\varkappa)} {}^\varkappa p_\varkappa) = \pi_\varkappa p_\varkappa$ für alle $p_\varkappa \in P_\varkappa$. Daher ist wieder $\pi_\iota n_\iota^{(\varkappa)} \in N_\iota^{(\varkappa)}$.

Corollar: $N_\iota = \bigcap_{\varkappa \neq \iota} N_\iota^{(\varkappa)}$ ist charakteristische Untergruppe von G.

Hilfssatz: Jeder Normalteiler N von $G = P_1 \cdot \ldots \cdot P_s$ läßt sich faktorisieren als $N = N_{(1)} \cdot \ldots \cdot N_{(s)}$ mit $N_{(\iota)} = P_\iota \cap N$.

Beweis: Sind H_1, H_2 Hallsche Untergruppen von G mit $H_1 \cdot H_2 = H_2 \cdot H_1$, dann ist auch $H_1 \cdot H_2$ Hallsche Untergruppe von G. $N \cap H_1$, $N \cap H_2$ und $N \cap H_1 H_2$ sind dann Hallsche Untergruppen von N. Wegen $(N \cap H_1) \cdot (N \cap H_2) \subseteq N \cap H_1 H_2$ folgt $(N \cap H_1) \cdot (N \cap H_2) = N \cap H_1 H_2$. Daraus folgt aber schon die Behauptung, denn $N = N \cap P_1 \cdot \ldots \cdot P_s = (N \cap P_1) \cdot (N \cap P_2 \cdot \ldots \cdot P_s) = (N \cap P_1) \cdot \ldots \cdot (N \cap P_s)$.

Wegen $\pi_\varkappa N_\varkappa^{(\iota)} = N_\varkappa^{(\iota)}$ für jedes zulässige $\pi_\varkappa$ liefert jedes zulässige $\pi_\varkappa$ einen Automorphismus von $P_\varkappa / N_\varkappa^{(\iota)} \cong \Pi_{\varkappa,\iota}$. Ist π_ι zulässig, dann ist ihm wegen $\pi_\iota \circ p_\varkappa{}^\iota \circ \pi_\iota^{-1} = (\pi_\varkappa p_\varkappa)^\iota$ ein Automorphismus $\pi_\varkappa$ von $P_\varkappa$ und daher ein Automorphismus von $P_\varkappa / N_\varkappa^{(\iota)} \cong \Pi_{\varkappa,\iota}$ zugeordnet, und es gilt $\pi_\iota \in N(\Pi_{\varkappa,\iota} \subseteq S_{|P_\iota|})$. Als Umkehrung erhalten wir

Satz 5: Ist $\pi_\iota \in N(\Pi_{\varkappa,\iota} \subseteq S_{|P_\iota|}) \cap \mathfrak{A}(P_\iota)$, dann ist ihm ein Automorphismus von $P_\varkappa / N_\varkappa^{(\iota)} \cong \Pi_{\varkappa,\iota}$ zugeordnet.

Beweis: Wir haben nach Voraussetzung $\pi_\iota \circ p_\varkappa{}^\iota \circ \pi_\iota^{-1} = p'_\varkappa{}^\iota$. Für $\varkappa > \iota$ ist $(p_\varkappa q_\varkappa)'^\iota = \pi_\iota \circ (p_\varkappa q_\varkappa)^\iota \circ \pi_\iota^{-1} = \pi_\iota \circ p_\varkappa{}^\iota \circ q_\varkappa{}^\iota \circ \pi_\iota^{-1} = \pi_\iota \circ p_\varkappa{}^\iota \circ \pi_\iota^{-1} \circ \pi_\iota \circ q_\varkappa{}^\iota \circ \pi_\iota^{-1} = p'_\varkappa{}^\iota \circ q'_\varkappa{}^\iota = (p'_\varkappa q'_\varkappa)^\iota$ für $\varkappa < \iota$ ist $(p_\varkappa q_\varkappa)'^\iota = \pi_\iota \circ (p_\varkappa q_\varkappa)^\iota \circ \pi_\iota^{-1} = \pi_\iota \circ q_\varkappa{}^\iota \circ p_\varkappa{}^\iota \circ \pi_\iota^{-1} = \pi_\iota \circ q_\varkappa{}^\iota \circ \pi_\iota^{-1} \circ \pi_\iota \circ p_\varkappa{}^\iota \circ \pi_\iota^{-1} = q'_\varkappa{}^\iota \circ p'_\varkappa{}^\iota = (p'_\varkappa q'_\varkappa)^\iota$.

Sei $N^+(\Pi_{\varkappa,\iota} \subseteq S_{|P_\iota|})$ die Menge aller Automorphismen π_ι von P_ι, zu denen es einen Automorphismus $\pi_\varkappa$ von $P_\varkappa$ gibt mit $\pi_\iota \circ p_\varkappa{}^\iota \circ \pi_\iota^{-1} = (\pi_\varkappa p_\varkappa)^\iota$ für alle $p_\varkappa \in P_\varkappa$.
Wählt man $\pi_\iota = \mathrm{id}_{P_\iota}$ für ein ι, dann folgt für ein dazugehöriges zulässiges $\pi_\varkappa$:

(1) $p_\iota{}^\varkappa \pi_\varkappa p_\varkappa = \pi_\varkappa(p_\iota{}^\varkappa p_\varkappa)$, (2) $\pi_\varkappa p_\varkappa{}^\iota p_\iota = p_\varkappa{}^\iota p_\iota$.

Das ist aber gleichwertig mit:

(1′) $\pi_\varkappa \in Z(\Pi_{\iota,\varkappa} \subseteq S_{|P_\varkappa|}) = Z_\varkappa^{(\iota)}$, (2′) $\pi_\varkappa p_\varkappa \in p_\varkappa N_\varkappa^{(\iota)}$.

Die Menge der $\pi_\varkappa \in \mathfrak{A}(P_\varkappa)$, die (2′) erfüllen, die also auf $P_\varkappa / N_\varkappa^{(\iota)} \cong \Pi_{\varkappa,\iota}$ die Identität induzieren, sei mit $\Pi_\varkappa^{(\iota)}$ bezeichnet, ferner sei $J_\varkappa^{(\nu)} = \bigcap_{\substack{\iota=1 \\ \iota \neq \varkappa}}^{\nu} (Z_\varkappa^{(\iota)} \cap \Pi_\varkappa^{(\iota)})$ $(\nu = 2, \ldots, s)$ und $J_\varkappa^{(s)} = J_\varkappa$.

Satz 6: Ist $\alpha = \pi_1 \cdot \ldots \cdot \pi_s$ Automorphismus von G, dann folgt aus $\pi_\iota \in Z_\iota^{(\varkappa)} \cap \Pi_\iota^{(\varkappa)}$, daß auch $\pi_\varkappa \in Z_\varkappa^{(\iota)} \cap \Pi_\varkappa^{(\iota)}$.

Beweis: Aus $\pi_\iota \in Z_\iota^{(\varkappa)}$ folgt $\pi_\iota(p_\varkappa{}^\iota p_\iota) = \pi_\varkappa p_\varkappa{}^\iota \pi_\iota p_\iota = \pi_\iota(\pi_\varkappa p_\varkappa{}^\iota p_\iota)$, und daraus $\pi_\varkappa p_\varkappa \in p_\varkappa N_\varkappa^{(\iota)}$, d. h. $\pi_\varkappa \in \Pi_\varkappa^{(\iota)}$. Aus $\pi_\iota \in \Pi_\iota^{(\varkappa)}$ folgt $p_\iota{}^\varkappa \pi_\varkappa p_\varkappa = \pi_\iota p_\iota{}^\varkappa \pi_\varkappa p_\varkappa = \pi_\varkappa(p_\iota{}^\varkappa p_\varkappa)$ also $\pi_\varkappa \in Z_\varkappa^{(\iota)}$.

Zusatz: Ist π_ι zulässig, und sind $\pi_\varkappa$, $\pi'_\varkappa$ Automorphismen von $P_\varkappa$ mit $\pi_\iota p_\iota{}^\varkappa \pi_\varkappa p_\varkappa = \pi_\varkappa(p_\iota{}^\varkappa p_\varkappa)$, $\pi_\iota p_\iota{}^\varkappa \pi'_\varkappa p_\varkappa = \pi'_\varkappa(p_\iota{}^\varkappa p_\varkappa)$, $\pi_\varkappa p_\varkappa{}^\varkappa \pi_\iota p_\iota = \pi_\iota(p_\varkappa{}^\iota p_\iota)$, $\pi'_\varkappa p_\varkappa{}^\iota \pi_\iota p_\iota = \pi_\iota(p_\varkappa{}^\iota p_\iota)$, dann ist $\pi'^{-1}_\varkappa \pi_\varkappa \in Z_\varkappa^{(\iota)} \cap \Pi_\varkappa^{(\iota)}$.

Aus diesen Überlegungen folgt jetzt sofort

Satz 7: Sämtliche $\pi_\iota \in \mathfrak{A}(P_\iota)$ mit $\pi_\iota \in J_\iota$ sind zulässig. Mit $\alpha = \pi_1 \cdot \ldots \cdot \pi_s$ ist auch $\alpha' = \pi_1\theta_1 \cdot \ldots \cdot \pi_s\theta_s$ Automorphismus von G für $\theta_\iota \in J_\iota$ $(\iota = 1, \ldots, s)$.

Für die maschinelle Bestimmung der Automorphismengruppe einer endlichen Gruppe ist die hier dargelegte Theorie besonders dann nützlich, wenn mit Hilfe der sogenannten Siebmethode vorgegangen werden soll, d. h. wenn alle Permutationen von S_G, welche eine Schar von charakteristischen Untergruppen in sich überführen, auf Automorphismeneigenschaft untersucht werden. Soll die Siebmethode auf die ganze Gruppe G angewendet werden, dann ist es zweckmäßig, erst die Gruppe $\Gamma \subseteq \mathfrak{A}(G)$ zu bestimmen, d. h. zu dem vorhandenem Sieb noch die Sylowgruppen einer Sylowbasis mit ihrem jeweiligen Sieb und den Gruppen $M_\iota^{(\varkappa)}$ und $N_\iota^{(\varkappa)}$ hinzuzufügen.
Soll die Siebmethode nur auf die Sylowgruppen angewendet werden, dann ist es zweckmäßig, wie folgt vorzugehen:
Die Gruppen $\Pi_{\iota,\varkappa}$ erhält man sofort, wenn man die Gruppe G einmal als Produkt von $P_1, \ldots, P_s$ und dann als Produkt von $P_s, \ldots, P_1$ schreibt. Zudem jeweiligen Sieb der Gruppen P_ι $(\iota = 1, \ldots, s)$ werden die Gruppen $M_\iota^{(\varkappa)}$, $N_\iota^{(\varkappa)}$ und $N \cap P_\iota$ für jedes bekannte N char G hinzugefügt, und die diesem Sieb genügenden Permutationen von S_{P_ι} auf Automorphismeneigenschaft geprüft. Die Menge der diesem Sieb genügenden Automorphismen von P_ι sei mit $\mathfrak{U}_1(P_\iota)$ bezeichnet. Es wird dann $I_\iota^{(\nu)} = J_\iota^{(\nu)} \cap \mathfrak{U}_1(P_\iota)$ bestimmt, $(\iota = 1, \ldots, s;\ \nu = 2, \ldots, s)$. Es ist $I_\iota^{(s)} = J_\iota^{(s)} = J_\iota$.
$\mathfrak{U}_1(P_\iota)$ wird nach $I_\iota^{(2)}$ in Nebenklassen zerlegt $(\iota = 1, 2)$:

$$\mathfrak{U}_1(P_1) = \pi_1^{(1)} I_1^{(2)} + \cdots + \pi_1^{(s_1)} I_1^{(2)} \qquad (\pi_1^{(1)} = \mathrm{id}_{P_1}),$$

$$\mathfrak{U}_1(P_2) = \pi_2^{(1)} I_2^{(2)} + \cdots + \pi_2^{(s_2)} I_2^{(2)} \qquad (\pi_2^{(1)} = \mathrm{id}_{P_2}).$$

Die Elemente von P_ι $(\iota = 1, \ldots, s)$ seien durchnumeriert:

$p_\iota^{(1)}, \ldots, p_\iota^{(r_\iota)}$. Sei π_ι der Repräsentant einer Nebenklasse von $\mathfrak{U}_1(P_\iota)$ nach $I_\iota^{(2)}$ $(\iota = 1, 2)$. Auf Grund der Aussagen um Satz 6 muß π_ι, um zulässig zu sein, zu $N^+(\Pi_{\varkappa,\iota} \subseteq S_{|P_\iota|})$ gehören $(\iota, \varkappa = 1, 2;\ \iota \neq \varkappa)$. Das läßt sich nach folgendem Schema relativ einfach nachprüfen:

$$\begin{array}{ccc}
p_1^{(1)} & ,\ldots, & p_1^{(r_1)} \\
(\pi_1^{(1)} p_1^{(1)})^{p_2} & ,\ldots, & (\pi_1^{(1)} p_1^{(r_1)})^{p_2} \\
\vdots & & \vdots \\
(\pi_1^{(s_1)} p_1^{(1)})^{p_2} & ,\ldots, & (\pi_1^{(s_1)} p_1^{(r_1)})^{p_2}
\end{array} \left.\vphantom{\begin{array}{c}a\\a\\a\\a\end{array}}\right\} \mathrm{A}$$

$$\begin{array}{ccc}
\pi_2^{(1)} \circ p_1^{(1)p_2} \circ \pi_2^{(1)-1} & ,\ldots, & \pi_2^{(1)} \circ p_1^{(r_1)p_2} \circ \pi_2^{(1)-1} \\
\vdots & & \vdots \\
\pi_2^{(s_2)} \circ p_1^{(1)p_2} \circ \pi_2^{(s_2)-1} & ,\ldots, & \pi_2^{(s_2)} \circ p_1^{(r_1)p_2} \circ \pi_2^{(s_2)-1}
\end{array} \left.\vphantom{\begin{array}{c}a\\a\\a\end{array}}\right\} \mathrm{B}$$

$$\begin{array}{lll} p_2^{(1)} & ,\ldots, & p_1^{(r_2)} \\ (\pi_2^{(1)} p_2^{(1)})^{\iota} & ,\ldots, & (\pi_2^{(1)}\, p_2^{(r_2)})^{\iota} \\ \vdots & & \vdots \\ (\pi_2^{(s_2)} p_2^{(1)})^{\iota} & ,\ldots, & (\pi_2^{(s_2)}\, p_2^{(r_2)})^{\iota} \end{array} \left.\vphantom{\begin{array}{l} a\\ a\\ a\\ a \end{array}}\right\} \mathrm{C}$$

$$\begin{array}{lll} \pi_1^{(1)} \circ p_2^{(1)\iota} \circ \pi_1^{(1)-1} & ,\ldots, & \pi_1^{(1)} \circ p_2^{(r_2)\iota} \circ \pi_1^{(1)-1} \\ \vdots & & \vdots \\ \pi_1^{(s_1)} \circ p_2^{(1)\iota} \circ \pi_1^{(s_1)-1} & ,\ldots, & \pi_1^{(s_1)} \circ p_2^{(r_2)\iota} \circ \pi_1^{(s_1)-1} \end{array} \left.\vphantom{\begin{array}{l} a\\ a\\ a \end{array}}\right\} \mathrm{D}$$

$\pi_\iota^{(\iota)} \cdot \pi_2^{(\varkappa)}$ ist Automorphismus von $P_1 \cdot P_2$ genau dann, wenn die ι-te Zeile von A mit der $\varkappa$-ten Zeile von B und die $\varkappa$-te Zeile von C mit der ι-ten Zeile von D übereinstimmt. Durch jedes deratige ι ist dann $\varkappa$ eindeutig bestimmt und umgekehrt. Nach geeigneter Numerierung bleiben für die weitere Untersuchung nur noch $\mathfrak{U}_2(P_\iota) = \pi_\iota^{(1)} I_\iota^{(2)} + \cdots + \pi_\iota^{(k_\iota)} I_\iota^{(2)}$ $(\iota = 1, 2)$.
$\mathfrak{U}_1(P_3)$ werde in $\mathfrak{U}_2(P_3)$ umbenannt. $I_\iota^{(2)}$ werde in Restklassen nach $I_\iota^{(3)}$ zerlegt. Das liefert eine Zerlegung von $\mathfrak{U}_2(P_\iota)$ $(\iota = 1, 2, 3)$ in Restklassen nach $I_\iota^{(3)}$. Weiterhin werde $\mathfrak{U}_2(P_3)$ in Restklassen nach $I_3^{(3)}$ zerlegt. Das Verfahren läuft jetzt parallel für $\mathfrak{U}_2(P_1)$, $\mathfrak{U}_2(P_3)$ und für $\mathfrak{U}_2(P_2)$, $\mathfrak{U}_2(P_3)$ nach dem beschriebenen Verfahren weiter, u. s. f. Auf diese Weise wird Γ bestimmt. Wie schon gezeigt, ist dann $\mathfrak{A}(G) = \tau(g_1)\,\Gamma + \cdots + \tau\,(g_r)\,\Gamma$ für $G = g_1 M + \cdots + g_r M$.

§ 2 Schreiersche Erweiterungen mit teilerfremden Ordnungen

Nach ZASSENHAUS-SCHUR und FEIT-THOMPSON gilt: Zu jedem Hallschen Normalteiler N einer einer endlichen Gruppe G gibt es eine zu G/N isomorphe Untergruppe $F \subseteq G$ (»Repräsentantengruppe«). Alle Repräsentantengruppen sind untereinander konjugiert. Zunächst beweisen wir folgenden

Satz: Sei $G = N_s \supseteq \ldots \supseteq N_\iota \supseteq \ldots \supseteq N_1 \supseteq \{e_G\}$ eine Hallsche Normalteilerkette der endlichen Gruppe G. Dann gibt es ein System paarweise vertauschbarer Untergruppen H_ι von $G\,(\iota = 1, \ldots, s)$ mit $H_\iota \lhd H_\iota \cdot H_\varkappa$ für $\iota < \varkappa$ und $H_1 \cdot \ldots \cdot H_\iota = N_\iota$. Alle derartigen Systeme sind untereinander konjugiert.

Beweis: Ist $s = 1$, dann sind wir fertig. Sei F eine Repräsentantengruppe für G/N_1 in G. Es ist dann $G = F \cdot N_1$ mit $F \cap N_1 = \{e_G\}$. Sei $N_1 = H_1$ und $N_2 \cap F = H_2$, dann ist $N_2 = H_2 \cdot H_1$. Es ist nämlich $(N_2 \cap F) \cdot N_1 \subseteq N_2$, außerdem ist $(N_2 \cap F) \cdot N_1 \lhd G$, denn jedes $g \in G$ läßt sich darstellen als $g = n_1 \cdot f$ mit $n_1 \in N_1$ und $f \in F$, so daß $\tau(g)\;(N_2 \cap F)\;N_1 = (N_2 \cap \tau(g)\;F)\;N_1 = (N_2 \cap \tau(n_1)\;F)\;N_1 = \tau(n_1)\;(N_2 \cap F)\;N_1 = (N_2 \cap F)\;N_1$ ist. Aus $|G/(N_2 \cap F)\,N_1| = |G/N_1/(N_2 \cap F)\,N_1/N_1| = |F/N_2 \cap F| = |FN_2/N_2| = |G/N_2|$ folgt dann $(N_2 \cap F)\,N_1 = N_2$. Die Kette $G = N_s \supseteq \ldots \supseteq N_\iota \supseteq \ldots \supseteq N_1 \supseteq \{e_G\}$ induziert in F eine Kette $F = N_s^+ \supseteq \ldots \supseteq N_\iota^+ \supseteq \ldots \supseteq N_2^+ \supseteq \{e_G\}$ mit $N_\iota/N_{\iota-1} \cong N_\iota^+/N_{\iota-1}^+ (\iota = 3, \ldots, s)$. Daher können wir Induktion anwenden: Wegen $H_2 = N_2^+$ gibt es für F ein System paarweise vertauschbarer Untergruppen $H_\iota (\iota = 2, \ldots, s)$ mit $H_\iota \lhd H_\iota H_\varkappa$ für $\iota < \varkappa$ und $H_2 \cdot \ldots \cdot H_\iota = N_\iota^+$. $H_1, \ldots, H_s$ leisten dann das Gewünschte wegen $|H_1 \cdot \ldots \cdot H_\iota| = |H_1| \cdot |N_\iota^+| = |N_\iota|$ $(\iota = 2, \ldots, s)$. Beachtet man, daß jeder Hallsche Normalteiler die einzige Untergruppe seiner Ordnung ist, dann läßt sich mit Hilfe des Satzes von ZASSENHAUS-SCHUR und FEIT-THOMPSON der Hallsche Beweis (P. HALL [7]) für die Konjugiertheit der Sylowbasen wörtlich für unseren Fall übertragen.

Es läßt sich daher die in § 1 dieses Kapitels entwickelte Theorie auch auf Gruppen mit Hallschen Normalteilerketten anwenden. Für $s = 2$ sei die Theorie noch einmal in groben Zügen dargelegt, da wir hier zu einer Abschätzung der Automorphismengruppenordnung kommen können.

Sei $G = N \cdot F$, $N \triangleleft G$, $N \cap F = \{e_G\}$. Zu jedem $\gamma \in \mathfrak{A}(G)$ gibt es ein $n \in N$ mit $\tau(n^{-1})\,\gamma_{|N} = \nu \in \mathfrak{A}(N)$, $\tau(n^{-1})\,\gamma_{|F} = \varphi \in \mathfrak{A}(F)$.

Wie in § 1 erhalten wir eine Methode zur Berechnung von $\mathfrak{A}(G)$ aus $\mathfrak{A}(N)$ und $\mathfrak{A}(F)$ unter Kenntnis der durch F auf N induzierten Automorphismengruppe $\tau(F)_{|N}$.

N_F sei der maximale in F enthaltene Normalteiler von G (also $F/N_F \cong \tau(F)_{|N}$), M_N sei die Gruppe der durch $\tau(F)_{|N}$ festgelassenen Elemente von N, die »Fixgruppe« von $\tau(F)_{|N}$.

Ist $g = n \cdot f$, $n \in N$, $f \in F$, $\nu \in \mathfrak{A}(N)$, $\varphi \in \mathfrak{A}(F)$; $Z(\tau(F)_{|N} \subseteq \mathfrak{A}(N)) = Z_N$, $\Pi_F = \{\varphi \in \mathfrak{A}(F) \mid \varphi f \in f N_F, \varphi N_F = N_F$ für alle $f \in F\}$, und Γ die Gruppe der Automorphismen von G, welche N und F in sich überführen, dann gelten wie in § 1 die Sätze:

Satz 1: $\gamma = \nu \cdot \varphi$ mit $\gamma(n \cdot f) = \nu n \cdot \varphi f$ ist Automorphismus von G genau dann, wenn auf N für alle $f \in F$ gilt $\nu\tau(f)\,\nu^{-1} = \tau(\varphi f)$.

Satz 2: Sei $\nu \cdot \varphi$ Automorphismus von G. Es ist $\nu \in Z_N$ genau dann, wenn $\varphi \in \Pi_F$ ist. Es ist $\nu \cdot \varphi_1$ Automorphismus von G genau dann, wenn $\varphi_1^{-1}\varphi \in \Pi_F$. $\nu_1 \cdot \varphi$ ist Automorphismus von G genau dann, wenn $\nu_1^{-1}\nu \in Z_N$.

Heißen $\nu \in \mathfrak{A}(N)$ bzw. $\varphi \in \mathfrak{A}(F)$ zulässig, wenn es dazu $\varphi \in \mathfrak{A}(F)$ bzw. $\nu \in \mathfrak{A}(N)$ gibt, so daß $\gamma = \nu \cdot \varphi \in \mathfrak{A}(G)$, dann haben wir

Satz 3: Alle zulässigen ν führen M_N in sich über; alle zulässigen φ führen N_F in sich über. Es ist N_F char G.

Satz 4: Ist $N = n_1 M_N + \cdots + n_r M_N$, dann ist $\mathfrak{A}(G) = \tau(n_1)\,\Gamma + \cdots + \tau(n_r)\,\Gamma$.

Corollar: Der Index $[\mathfrak{A}(G) : \Gamma]$ ist gleich der Anzahl der Repräsentantengruppen für G/N in G.

Satz 5: Jedes $\nu \in N(\tau(F)_{|N} \subseteq \mathfrak{A}(N))$ induziert einen Automorphismus von $F/N_F \cong \tau(F)_{|N}$.

Corollar: Ist $N_F = \{e_F\}$, dann ist jedes $\nu \in N(\tau(F)_{|N} \subseteq \mathfrak{A}(N))$ zulässig.

Satz 6: Ist $\nu \in Z_N$ und $\varphi \in \Pi_F$, dann ist mit $\gamma = \mu \cdot \psi$ auch $\gamma' = \mu\nu \cdot \psi\varphi$ Automorphismus von G ($\mu \in \mathfrak{A}(N)$, $\psi \in \mathfrak{A}(F)$).

Ist Π die Menge der zulässigen φ und $N^+(\tau(F)_{|N} \subseteq \mathfrak{A}(N))$ die Menge der zulässigen ν, dann gilt

Satz 7: Es ist $\Pi_F \triangleleft \Pi$, $Z_N = Z(\tau(F)_{|N} \subseteq \mathfrak{A}(N)) \triangleleft N^+(\tau(F)_{|N} \subseteq \mathfrak{A}(N))$ und es gilt

$$N^+(\tau(F)_{|N} \subseteq \mathfrak{A}(N)) \Big/ Z(\tau(F)_{|N} \subseteq \mathfrak{A}(N)) \cong \Pi \big/ \Pi_F.$$

Beweis: Für $\varphi \in \Pi_F$ und $\psi \in \Pi$ gibt es ein $\nu \in \mathfrak{A}(N)$, so daß für alle $f \in F$ gilt: $\nu\tau(f)\,\nu^{-1} = \tau(\psi f)$. Daraus folgt dann: $\tau(\psi\varphi\psi^{-1}f) = \tau(\psi(\varphi\psi^{-1}f)) = \nu\tau(\varphi\psi^{-1}f)\,\nu^{-1} = \nu\tau(\psi^{-1}f)\,\nu^{-1} = \tau(f)$. Wegen $Z(\tau(F)_{|N} \subseteq \mathfrak{A}(N)) \triangleleft N(\tau(F)_{|N} \subseteq \mathfrak{A}(N))$ ist natürlich auch

$$Z(\tau(F)_{|N} \subseteq \mathfrak{A}(N)) \triangleleft N^+(\tau(F)_{|N} \subseteq \mathfrak{A}(N)) \subseteq N(\tau(F)_{|N} \subseteq \mathfrak{A}(N)).$$

Aus den Sätzen 2 und 6 folgt der Rest.

Hieraus ergibt sich $|\mathfrak{A}(G)| = |N^+(\tau(F)_{|N} \subseteq \mathfrak{A}(N))| \cdot |\Pi_F| \cdot [N : M_N]$. Jedem $\varphi \in \Pi_F$ ist ein Automorphismus von N_F zugeordnet. Diese Zuordnung ist ein Homomorphismus. Der dazu gehörige Kern besteht aus genau den $\varphi \in \mathfrak{A}(F)$ mit $\varphi_{|N_F} = \mathrm{id}_{N_F}$ und $\varphi f \in f N_F$; d. h. der Kern ist gleich Stab $(F \supseteq N_F)$ (vgl. hierzu Kapitel IV § 1!). Damit erhalten wir als Abschätzung für $|\mathfrak{A}(G)|$:

Satz 8: $|\mathfrak{A}(G)|$ ist Teiler von

$$|N(\tau(F)_{|N} \subseteq \mathfrak{A}(N))| \cdot |\mathrm{Stab}\,(F \supseteq N_F)| \cdot |\mathfrak{A}(N_F)| \cdot [N: M_N].$$

Ist F antiinvariant in G, dann gilt:

$$|\mathfrak{A}(G)| = |N(\tau(F)_{|N} \subseteq \mathfrak{A}(N)| \cdot [N: M_N].$$

Die maschinelle Berechnung von $\mathfrak{A}(G)$ ist hier besonders einfach. Sei $\mathfrak{U}(N) = \{\nu \in \mathfrak{A}(N) \mid \nu M_N = M_N\}$, $\mathfrak{U}(F) = \{\varphi \in \mathfrak{A}(F) \mid \varphi N_F = N_F\}$. Die Elemente von F seien durchnumeriert: $F = \{f_1, \ldots, f_r\}$. $\mathfrak{U}(N)$ bzw. $\mathfrak{U}(F)$ werden in Nebenklassen nach Z_N bzw. Π_F zerlegt: $\mathfrak{U}(N) = \nu_1 Z_N + \cdots + \nu_s Z_N$; $\mathfrak{U}(F) = \varphi_1 \Pi_F + \cdots + \varphi_t \Pi_F (\nu_1 = \mathrm{id}_N, \varphi_1 = id_F)$. Um zulässig zu sein, muß ein $\nu_\varkappa$ zu $N^+(\tau(F)_{|N} \subseteq \mathfrak{A}(N))$ gehören ($\varkappa = 1, \ldots, s$). Das wird nach folgendem Schema nachgeprüft:

$$\begin{array}{ccc} f_1 & ,\ldots, & f_r \\ \tau(\varphi_1 f_1)_{|N} & ,\ldots, & \tau(\varphi_1 f_r)_{|N} \\ \vdots & & \vdots \\ \tau(\varphi_t f_1)_{|N} & ,\ldots, & \tau(\varphi_t f_r)_{|N} \\ \nu_1 \tau(f_1) \nu_1^{-1} & ,\ldots, & \nu_1 \tau(f_r) \nu_1^{-1} \\ \vdots & & \vdots \\ \nu_s \tau(f_1) \nu_s^{-1} & ,\ldots, & \nu_s \tau(f_r) \nu_s^{-1} \end{array} \quad \begin{array}{l} \\ \left.\begin{array}{l} \\ \\ \\ \end{array}\right\} \mathrm{A} \\ \left.\begin{array}{l} \\ \\ \\ \end{array}\right\} \mathrm{B} \end{array}$$

$\nu_\iota \cdot \varphi_\varkappa$ ist Automorphismus von G genau dann, wenn die $\varkappa$-te Zeile von A mit der ι-ten Zeile von B übereinstimmt. Durch jedes derartige ι ist $\varkappa$ eindeutig bestimmt und umgekehrt. Dadurch ist Γ bestimmt. $\mathfrak{A}(G)$ wird dann wie angegeben daraus berechnet.

Die Krullschen ω-Sylowgruppen

Ein Teil der folgenden Sätze wird ohne Beweis angegeben. Die Beweise hierzu sind bei W. BRAUER [3] nachzulesen.
Sei G eine endliche Gruppe. Die in $|G|$ aufgehenden Primzahlen seien irgendwie durchnumeriert: $p_1, \ldots, p_s$. Die geordnete Menge $\{p_1, \ldots, p_s\}$ sei mit ω und die geordnete Menge $\{p_s, \ldots, p_1\}$ sei mit ω^{-1} bezeichnet.
S_{p_1} sei eine p_1-Sylowgruppe von G und N_{p_1} ihr Normalisator $N(S_{p_1} \subseteq G)$ in G. Sind $S_{p_1,\ldots,p_\iota}$ und $N_{p_1,\ldots,p_\iota}$ definiert ($\iota < s$), dann wird $S_{p_1,\ldots,p_{\iota+1}}$ definiert durch:

$S_{p_1,\ldots,p_{\iota+1}} / S_{p_1,\ldots,p_\iota}$ ist eine $p_{\iota+1}$-Sylowgruppe von $N_{p_1,\ldots,p_\iota} / S_{p_1,\ldots,p_\iota}$;
$N_{p_1,\ldots,p_{\iota+1}}$ wird definiert durch:

$$N_{p_1,\ldots,p_{\iota+1}} / S_{p_1,\ldots,p_\iota} = N(S_{p_1,\ldots,p_{\iota+1}} \subseteq N_{p_1,\ldots,p_\iota}) / S_{p_1,\ldots,p_\iota}$$
$$\cong N\left(S_{p_1,\ldots,p_{\iota+1}} / S_{p_1,\ldots,p_\iota} \subseteq N_{p_1,\ldots,p_\iota} / S_{p_1,\ldots,p_\iota}\right).$$

Man beweist $N(S_{p_1,\ldots,p_{\iota+1}} \subseteq N_{p_1,\ldots,p_\iota}) = N(S_{p_1,\ldots,p_{\iota+1}} \subseteq G)$ ($\iota = 0, \ldots, s-1$) (für $\iota = 0$: $N_{p_1,\ldots,p_\iota} = G$).

Wir haben eine Kette:

$$G \supseteq N_{p_1} \supseteq \ldots \supseteq N_{p_1,\ldots,p_s} = S_{p_1,\ldots,p_s} \supseteq \ldots \supseteq S_{p_1} \supseteq \{e_G\}.$$

$S_{p_1,\ldots,p_s}$ wird auch mit S_ω oder $S_\omega(G)$ oder ω-Sylowgruppe von G bezeichnet. Ist $G = S_\omega$ für ein ω, dann heißt G »ω-nilpotent«. Jede ω-nilpotente Gruppe ist natürlich auflösbar. Schreitet man bei festem ω über verschiedene Sylowgruppen vor, dann sind die dazugehörigen Gruppen $N_{p_1,\ldots,p_\iota}$ und $N^+_{p_1,\ldots,p_\iota}$ bzw. $S_{p_1,\ldots,p_\iota}$ und $S^+_{p_1,\ldots,p_\iota}$ (mittels eines gleichen Elementes) konjugiert.

Satz 1: $G = S_\omega$ für ein geeignetes ω genau dann, wenn man für jede Untergruppe $U \subseteq G$ eine Kette für U durch gliedweise Durchschnittsbildung mit einer geeigneten Kette für G erhält.

Beweis: Ist $G = S_{p_1,\ldots,p_s}$, dann gilt $S_{p_1,\ldots,p_\iota} \triangleleft G$, also $S_{p_1,\ldots,p_\iota} \cap U \triangleleft U$. Damit ist die eine Richtung der Behauptung bewiesen.
Sei $\omega = p_1, \ldots, p_s$, p eine Primzahl $\neq p_1$ und S_p eine p-Sylowgruppe von G. Zu S_p gibt es nach Voraussetzung eine Kette $G \supseteq N_{p_1} \supseteq \ldots \supseteq N_{p_1,\ldots,p_s} = S_{p_1,\ldots,p_s} \supseteq \ldots \supseteq S_{p_1} \supseteq \{e_G\}$ mit $N(S_{p_1} \subseteq G) \cap S_p = N(S_{p_1} \cap S_p \subseteq S_p)$. Wegen $S_{p_1} \cap S_p = \{e_G\}$ folgt $S_p \subseteq N(S_{p_1} \subseteq G)$. Ist q eine Primzahl $\neq p_1$ und $\neq p$ und S_q^+ eine q-Sylowgruppe von G, dann gibt es zu S_q^+ nach Voraussetzung eine Kette

$$G \supseteq N(S^+_{p_1} \subseteq G) \supseteq \ldots \supseteq N(S^+_{p_1,\ldots,p_s} \subseteq G) = S^+_{p_1,\ldots,p_s} \supseteq \ldots \supseteq S^+_{p_1} \supseteq \{e_G\}$$

Es gibt ein $g \in G$ mit $S^+_{p_1} = g S_{p_1} g^{-1}$. Dann beweist man wie oben, daß $S_q = g^{-1} S_q^+ g \subseteq N(S_{p_1} \subseteq G)$. Führt man das für alle Primzahlen $p_\iota \neq p_1$ durch, dann folgt: $S_{p_1} \triangleleft G$. Ist $S_{p_1,\ldots,p_\iota} \triangleleft G$ und $S_{p_1,\ldots,p_\iota}$ eine Hallgruppe von G, dann ist $G = U_\iota \cdot S_{p_1,\ldots,p_\iota}$ für eine Untergruppe $U_\iota \subseteq G$ mit $(|U_\iota|, |S_{p_1,\ldots,p_\iota}|) = 1$. Dann ist aber auch $S_{p_1,\ldots,p_{\iota+1}}$

eine Hallgruppe von G. Ist p eine von $p_1, \ldots, p_{\iota+1}$ verschiedene Primzahl und S_p^+ eine p-Sylowgruppe von G, so gibt es wieder nach Voraussetzung zu S_p^+ eine Kette

$$G \supseteq N(S_{p_1}^+ \subseteq G) \supseteq \ldots \supseteq N(S_{p_1,\ldots,p_s}^+ \subseteq G) = S_{p_1,\ldots,p}^+ \supseteq \ldots \supseteq S_{p_1}^+ \supseteq \{e_G\}.$$

Für ein geeignetes $g \in G$ gilt $S_{p_1,\ldots,p_\iota} = g S_{p_1,\ldots,p_\iota} g^{-1}$; und wegen $N(S_{p_1,\ldots,p_{\iota+1}}^+ \subseteq G) \cap S_p^+ = N(S_{p_1,\ldots,p_{\iota+1}}^+ \cap S_p^+ \subseteq S_p^+)$ ist $S_p^+ \subseteq N(S_{p_1,\ldots,p_{\iota+1}}^+ \subseteq G)$, also $S_p = g^{-1} S_p^+ g \subseteq N(S_{p_1,\ldots,\iota+1} \subseteq G)$. Für jede weitere Primzahl $q \neq p_\varkappa$ $(\varkappa = 1, \ldots, \iota+1)$ zeigt man ebenfalls: Es gibt eine q-Sylowgruppe S_q von G mit $S_q \subseteq N(S_{p_1,\ldots,p_{\iota+1}} \subseteq G)$, so daß wieder $S_{p_1,\ldots,p_{\iota+1}} \lhd G$ ist.
Allgemein gilt jedoch (der Beweis hierzu ist trivial):

Satz 2: Sei $\omega = \{p_1, \ldots, p_s\}$ und U eine Untergruppe von G.

$$G \supseteq N(S_{p_1} \subseteq G) \supseteq \ldots \supseteq N(S_{p_1,\ldots,p} \subseteq G) = S_{p_1,\ldots,p} \supseteq \ldots \supseteq S_{p_1} \supseteq \{e_G\}$$

sei eine Kette für G mit $U \supseteq S_{p_1,\ldots,p_\varkappa}$ für ein $\varkappa$. Dann erhält man aus der Kette für G einen Teil einer Kette für U:

$$\begin{aligned} U \supseteq N(S_{p_1} \subseteq U) &= N(S_{p_1} \subseteq G) \cap U \supseteq \ldots \supseteq N(S_{p_1,\ldots,p_\varkappa} \subseteq U) \\ &= N(S_{p_1,\ldots,p_\varkappa} \subseteq G) \cap U \supseteq |\ldots| \supseteq S_{p_1,\ldots,p_\varkappa} \cap U \\ &= S_{p_1,\ldots,p_\varkappa} \supseteq \ldots \supseteq S_{p_1} \cap U = S_{p_1} \supseteq \{e_G\}. \end{aligned}$$

Daraus folgen als Corollare:

Satz 3: Zwei in einer Untergruppe U enthaltene Gruppen $S_{p_1,\ldots,p_\iota}$ und $S_{p_1,\ldots,p_\iota}^+$ sind schon in dieser konjugiert.

Satz 4: Für einen Normalteiler $N \lhd G$ mit $S_{p_1,\ldots,p_\iota} \subseteq N$ für ein ι gilt $N \cdot N(S_{p_1,\ldots,p_\iota} \subseteq G) = G$.

Satz 5: Ist S_ω eine ω-Sylowgruppe von G, dann folgt aus $G \rhd N \supseteq S_\omega$ stets $N = G$.

Satz 6: Aus $G \supseteq U \supseteq S_\omega$ folgt $U = N(U \subseteq G)$.

Weiterhin gilt der außerordentlich wichtige

Satz 7: Die Kettenbildung ist s-projektiv, d. h.:

a) Ist $N \lhd G$, dann erhält man aus einer Kette für G durch gliedweise Restklassenbildung nach N eine Kette für G/N.
b) Zu jeder Kette für G/N gibt es eine Kette für G, aus der diese nach a) gebildet werden kann.

Ist $G = S_\omega$ für ein geeignetes $\omega = \{p_1, \ldots, p_s\}$, dann gibt es offensichtlich ein System von p_ι-Sylowgruppen $P_1, \ldots, P_s$ mit $P_1 \cdot \ldots \cdot P_\iota \lhd G (\iota = 1, \ldots, s)$. Ist $P_1^+, \ldots, P_s^+$ eine Sylowbasis von G, dann ist $|P_1^+ \cdot \ldots \cdot P_\iota^+| = |P_1 \cdot \ldots \cdot P_\iota|$ und daher $P_1^+ \cdot \ldots P_\iota^+ = P_1 \cdot \ldots \cdot P_\iota \lhd G$. Wir können also o. B. d. A. annehmen, daß $P_1, \ldots, P_s$ eine Sylowbasis von G ist. $P_\iota \cdot \ldots \cdot P_s$ ist dann eine Repräsentantengruppe für $G/P_1 \cdot \ldots \cdot P_{\iota-1}$. Aus Satz 7a) folgt, daß $P_\iota \lhd P_\iota \cdot \ldots \cdot P_s$. Daher gilt $P_\iota \lhd P_\iota \cdot P_\varkappa$ für $\iota < \varkappa$. Daraus erhalten wir

Satz: 8 Genau dann ist G ω-nilpotent, wenn für eine Sylowbasis $P_1, \ldots, P_s$ von G (nach geeigneter Numerierung) gilt

$$P_\iota \lhd P_\iota \cdot P_\varkappa \quad \text{für} \quad \iota < \varkappa.$$

Corollar: Eine endliche Gruppe G ist genau dann nilpotent, wenn es ein ω gibt, so daß G sowohl ω- als auch ω^{-1}-nilpotent ist.

Satz 9: In jeder endlichen Gruppe G gibt es nilpotente Untergruppen, die zusammen mit ihren Konjugierten die ganze Gruppe erzeugen.

Beweis: Sei $\omega = \{p_1, \ldots, p_s\}$. Die Elemente der symmetrischen Gruppe S_s seien irgendwie durchnumeriert: $S_s = \{\pi_1, \ldots, \pi_{s!}\}$. Außerdem sei $\omega_\iota = \{p_{\pi_\iota 1}, \ldots, p_{\pi_\iota s}\}$, $U_1 = S_{\omega_1}(G)$, $U_{\iota+1} = S_{\omega_{\iota+1}}(U_\iota)$ $(\iota = 1, \ldots, s! - 1)$ und $U = U_{s!}$. Aus Satz 5 folgt: $U_\iota = \dot{\bigcup}_{u \in U_\iota} u U_{\iota+1} u^{-1}$ $(\iota = 1, \ldots, s! - 1)$, und daher $G = \dot{\bigcup}_{g \in G} g U g^{-1}$. Daß U nilpotent ist, ist klar.

Satz 10: Ist G auflösbar, so umfaßt jede durch Satz 9 gegebene Gruppe den Systemnormalisator M einer geeigneten Sylowbasis für G (vgl. Kapitel II § 1!). Ist G sogar ω-nilpotent, dann gibt es eine dieser Gruppen, die gleich M ist.

Beweis: Wegen der Konjugiertheit der ω-Sylowgruppen genügt es, eine feste Sylowbasis $P_1, \ldots, P_s$ von G zu wählen und in ihr zu arbeiten. Sei $\omega = \{p_1, \ldots, p_s\}$ und $S_{p_1} = P_1$. Dann ist $N_{p_1} = P_1 \cdot M_2^{(1)} \cdot \ldots \cdot M_s^{(1)}$. Schreiben wir für $P_1 = P_{1(1)}$ und $M_\iota^{(1)} = P_{\iota(1)}$ $(\iota = 2, \ldots, s)$, dann erhalten wir $N_{p_1} = P_{1(1)} \cdot \ldots \cdot P_{s(1)}$. Für $S_{p_1, p_2} = P_{1(1)} \cdot P_{2(1)}$ ist dann $N_{p_1, p_2} = P_{1(1)} \cdot P_{2(1)} \cdot M_3^{(2(1))} \cdot \ldots \cdot M_s^{(2(1))}$ Offenbar ist $M_\iota \subseteq P_{\iota(1)} \subseteq P_\iota$ $(\iota = 1, \ldots, s)$. Nun sei man bei irgendeinem Schritt des Verfahrens bei einer Gruppe $P_{1(\varkappa)} \cdot \ldots \cdot P_{s(\varkappa)}$ angelangt mit $M_\iota \subseteq P_{\iota(\varkappa)}$ $(\iota = 1, \ldots, s)$, und sei der Normalisator von $P_{\iota_1(\varkappa)} \cdot \ldots \cdot P_{\iota_r(\varkappa)}$ in $P_{1(\varkappa)} \cdot \ldots \cdot P_{s(\varkappa)}$ zu bilden. Dieser ist dann $\prod_{\nu=1}^{r} P_{\iota_\nu(\varkappa)} \cdot \prod_{\substack{\varrho \neq \iota_\nu \\ \nu = 1, \ldots, r}} \bigcap_{\mu=1}^{r} M_{\varrho(\varkappa)}{}^{(\iota_\mu)}$ und es ist wieder $M_\varrho \subseteq \bigcap_{\mu=1}^{r} M_{\varrho(\varkappa)}{}^{(\iota_\mu)}$ für $\varrho \neq \iota_\nu$ $(\nu = 1, \ldots, r)$.
Damit ist der erste Teil der Behauptung bewiesen. Der zweite Teil ergibt sich sofort, wenn ω_ι wie folgt definiert wird: Sei $\omega_0 = \omega = \{p_1, \ldots, p_s\}$. $(1 \ldots s)$ sei die Permutation, welche die Ziffern 1 bis s zyklisch vertauscht. Für $\omega_\iota = \{p_{\pi^\iota 1}, \ldots, p_{\pi^\iota s}\}$, $U_\iota = S_{\omega_\iota}(U_{\iota-1})$ $(\iota = 1, \ldots, s-1)$, $U_0 = S_{\omega_0} = G$, erhalten wir mit U_{s-1} eine nilpotente Gruppe mit $U_{s-1} = M$, denn es ist

$$U_\iota = \Big(\bigcap_{\varkappa=2}^{\iota+1} M_\iota^{(\varkappa)}\Big) \cdot \ldots \cdot \Big(\bigcap_{\varkappa=\iota+1}^{\iota+1} M_\iota^{(\varkappa)}\Big) \cdot P_{\iota+1} \cdot \ldots \cdot P_s.$$

Die nach Satz 9 konstruierten Gruppen sind für verschiedene ω und für verschiedene Durchnumerierungen der Elemente von S_s im allgemeinen nicht isomorph. Sie sind deswegen i. a. auch nicht selbstnormalisierend, denn sonst stimmten sie mit den Carter-Gruppen überein (vgl. R. W. Carter [4]), die alle untereinander konjugiert sind. Beispiele zeigen, daß sie in keiner Relation »$\subseteq$« zu diesen stehen.
Alle Aussagen für ω-Sylowgruppen gelten natürlich auch, wenn anstatt der einzelnen Sylowgruppen Hallgruppen genommen werden, falls sie die nötigen Eigenschaften wie Konjugiertheit etc., wie sie von P. Hall für auflösbare Gruppen bewiesen worden sind, besitzen. Wir fügen den wichtigen Fall der Schreierschen Erweiterungen mit teilerfremden Ordnungen an.

Satz 11: Sei $G = N \cdot F \triangleright N$, $(|N|, |F|) = 1$. Der Normalisator von F in G ist selbstnormalisierend.

Beweis: $N(F \subseteq G) = M_N \cdot F$. Sei $g = n \cdot f \in G$, $n \in N$, $f \in F$ mit $g(M_N \cdot F)g^{-1} = M_N \cdot F$. Das ist aber gleichwertig mit $n M_N n^{-1} \cdot n F n^{-1} = M_N \cdot F$. Daraus folgt

$nFn^{-1} = F$ wegen F char $N(F \subseteq G)$, so daß $n \in M_N$ und $g = n \cdot f \in M_N \cdot F = N(F \subseteq G)$ ist.

Satz 12: Sei $G = N \cdot F \triangleright N, (|N|, |F|) = 1$. Aus $G \triangleright N_1 \supseteq N(F \subseteq G)$ folgt $N_1 = G$.

Beweis: Nach Kapitel I § 1 Satz 7 ist $N_1 = N^+ \cdot F$ mit $N^+ = N_1 \cap N$. Ist $F_1 \subseteq N^+$ mit $|F_1| = |F|$, dann gibt es nach Zassenhaus-Schur ein $n^+ \in N^+$ mit $n^+ F n^{+-1} = F_1$. Ist $g \in G$, dann ist $gN_1g^{-1} = N_1$ und $gN(F \subseteq G)g^{-1} = N(gFg^{-1} \subseteq G) = N(n^+Fn^{+-1} \subseteq G) = n^+N(F \subseteq G)\,n^{+-1}$ für ein $n^+ \in N^+$. Daraus folgt mit Satz 11: $g \in n^+ \cdot N(N(F \subseteq G) \subseteq G) = n^+ \cdot N(F \subseteq G)$, und daher $g \in N^+ \cdot N(F \subseteq G) \subseteq N_1$, d. h. $N_1 = G$.

Daraus folgt nun sofort das für uns später wichtige

Corollar: Sei $G = N \cdot F \triangleright N$, $(|N|, |F|) = 1$. G ist die Vereinigung der Normalisatoren sämtlicher Repräsentatengruppen von G/N in G.

KAPITEL IV

Stabilitätsgruppen

§ 1 Allgemeines

Sei G eine Gruppe, $\mathfrak{A}(G)$ ihre Automorphismengruppe. Ist $U \subseteq G$ eine Untergruppe von G, dann wollen wir nach LEO KALOUJNINE (L. KALOUJNINE [11]) mit Stab $(G \supseteq U)$ die zur Kette $G \supseteq U \supseteq \{e_G\}$ gehörige Stabilitätsgruppe bezeichnen, d. h. Stab $(G \supseteq U)$ $= \{\gamma \in \mathfrak{A}(G) \mid \gamma g \in Ug, \gamma u = u$ für alle $g \in G, u \in U\}$. Es ist bekannt, daß Stab $(G \supseteq U)$ eine abelsche Gruppe ist und daß $\{\gamma g \cdot g^{-1} \mid g \in G, \gamma \in \text{Stab}\,(G \supseteq N)\}$ $\subseteq Z(N)$ für jeden Normalteiler N von G.
Die abelsche Gruppe $Z(N)$ wird zu einem G- bzw. G/N-Modul durch die Vorschrift:

$$\begin{array}{lll} g \in G: & z \to \tau(g)\, z & \\ & & z \in Z(N) \\ \bar{g} \in G/N: & z \to \tau(\bar{g})\, z = \tau(g)\, z & \end{array}$$

wegen $\tau(gn)\, z = \tau(g)\, z$ für beliebiges $n \in N$.
Sei $\gamma \in \text{Stab}\,(G \supseteq N)$ und $n(g) = \gamma g \cdot g^{-1}$ für $g \in G$. Wegen $g \cdot n = \tau(g)\, n \cdot g$ für $g \in G$, $n \in N$ ist $\gamma g \cdot \gamma n = \gamma(\tau(g)\, n) \cdot \gamma(g)$. Das ist aber gleichwertig mit $n(g) \cdot \tau(g)\, n$ $= \tau(g) \cdot n(g)$. Daraus folgt dann $\gamma g \cdot g^{-1} = n(g) \in Z(N)$. Für g, $h \in G$ erhalten wir $n(gh) = \gamma(gh) \cdot (gh)^{-1} = \gamma g \cdot \gamma h \cdot h^{-1} \cdot g^{-1} = \gamma g \cdot n(h) \cdot g^{-1} = \gamma g \cdot g^{-1} \cdot \tau(g)\, n(h) = n(g)$ $\cdot\, \tau(g)\, n(h)$. Daraus folgt

Satz 1: $\gamma \in \text{Stab}\,(G \supseteq N)$ für $N \lhd G$ genau dann, wenn $\gamma g \cdot g^{-1} = n(g)$ 1-Cozyk des G-Moduls $Z(N)$ ist mit $n(g) = e_G$ für $g \in N$; und $\gamma \in \text{Stab}\,(G \supseteq N)$ für $N \lhd$ genau dann, wenn $\gamma g \cdot g^{-1} = n(g)$ 1-Cozykel des G/N-Moduls $Z(N)$ ist.

Beweis: Es ist noch zu zeigen: Jedes derartige 1-Cozykel definiert auf die angegebene Weise einen Automorphismus aus Stab $(G \supseteq N)$. Wegen $n(gn) = n(ng) = n(g)$ für $g \in G$, $n \in N$ ist nur zu zeigen: $\gamma \in \text{Stab}\,(G \supseteq N)$ mit $\gamma g = n(g) \cdot g$.

a) $\gamma(gh) = n(gh) \cdot g \cdot h = n(gh) \cdot g \cdot h = n(g) \cdot \tau(g)\, n(h) \cdot g \cdot h = n(g) \cdot g \cdot n(h) \cdot h$ $= \gamma g \cdot \gamma h$.
b) Aus $\gamma(g) = e_G$ folgt $n(g) = g^{-1}$, und daraus $n(n(g)) = n(g^{-1})$, d. h. $n(g^{-1}) = e_G$. Dann ist $\gamma g^{-1} = e_G \cdot g^{-1} = g^{-1}$, also $g = e_G$.
c) Es ist $\gamma g = n(g)\, g \in Z(N)\, g$ und $\gamma n = n$ für $n \in N$.

Für $\gamma_\iota \in \text{Stab}\,(G \supseteq N)$ $(\iota = 1, 2)$ und $n_\iota(g) = \gamma_\iota g \cdot g^{-1}$, $n_{\iota,\varkappa}(g) = \gamma_\iota \gamma_\varkappa g \cdot g^{-1}$ gilt $n_{\iota,\varkappa}(g) = n_{\varkappa,\iota}(g) = n_\iota(g) \cdot n_\varkappa(g)$. Da aber, wie oben gezeigt, $n(g) = e_G$ genau dann, wenn $\gamma = \text{id}_G$, gilt

Satz 2: Stab $(G \supseteq N)$ für $N \lhd G$ ist isomorph zur Gruppe der 1-Cozykeln des G/N-Moduls $Z(N)$.

Satz 3: Es gibt einen Homomorphismus mit dem Kern $Z(N) \cap Z(G)$ von $Z(N)$ auf die Gruppe der 1-Coränder des G/N-Moduls $Z(N)$.

Beweis: Für $z, z_1, z_2 \in Z(N)$ definieren wir den Automorphismus γ_z durch $\gamma_z g = n(g) \cdot$ $g = \tau(g)\, z \cdot z^{-1} \cdot g = gzg^{-1}z^{-1}g = z^{-1}gz = \tau(z^{-1})\, g$. Also gilt $\gamma_z g = \tau(z^{-1})\, g$ und $\gamma_{z_1 z_2} g = \tau(z_1^{-1} z_2^{-1})\, g = \tau(z_1^{-1})\, (\tau(z_2^{-1})\, g) = \gamma_{z_1} \gamma_{z_2} g$.

Für alle folgenden Betrachtungen wird N char G vorausgesetzt. Sei $\mathfrak{Z}(G \supseteq N) = \{\gamma_z \in \mathfrak{A}(G) \mid z \in Z(N)\}$. Aus $Z(N)$ char N char G folgt $Z(N)$ char G, und daraus der

Satz 4: $\mathfrak{Z}(G \supseteq N) \triangleleft \mathfrak{A}(G)$.

Beweis: Ist $\gamma \in \mathfrak{A}(G)$, dann ist $\gamma\gamma_z\gamma^{-1} = \gamma_{\gamma z}$.

Satz 5: Stab $(G \supseteq N) \triangleleft \mathfrak{A}(G)$.

Beweis: Sei $\alpha \in \mathfrak{A}(N)$, $\gamma \in$ Stab $(G \supseteq N)$. Dann ist $(\alpha\gamma\alpha^{-1})\, g = \alpha(\gamma(\alpha^{-1}g)) = \alpha(n(\alpha^{-1}g) \cdot \alpha^{-1}g) = \alpha n(\alpha^{-1}g) \cdot g = m(g)$ mit $m(g) = \alpha n(\alpha^{-1}g) \in Z(N)$ und es gilt $m(g) = e_G$ für $g \in N$ und $m(gh) = m(g) \cdot \tau(g)\, m(h)$.

Wie bereits erwähnt, ist Stab $(G \supseteq N)$ und daher auch $\mathfrak{Z}(G \supseteq N)$ abelsch (der Beweis folgt aus $n(g) \in Z(N)$). Die Kenntnis von Stab $(G \supseteq N)$ und $\mathfrak{Z}(G \supseteq N)$ ist daher geeignet, Aussagen darüber zu machen, wann die Automorphismengruppe $\mathfrak{A}(G)$ einer Gruppe G einen eigentlichen abelschen Normalteiler besitzt. Ein abelscher Normalteiler der Automorphismengruppe braucht nicht Stabilitätsgruppe zu einer geeigneten charakteristischen Untergruppe zu sein, wie man am Beispiel zyklischer Gruppen sehen kann. Will man untersuchen, wann in einer Gruppe eine charakteristische Untergruppe existiert, deren Stabilitätsgruppe nicht trivial ist, dann genügt es wegen Stab $(G \supseteq N) \subseteq$ Stab $(G \supseteq Z(N))$, die Stabilitätsgruppen zu den abelschen charakteristischen Untergruppen zu untersuchen.
Eine Gruppe G heiße stabil, wenn es ein N char G gibt mit Stab $(G \supseteq N) \neq \{\mathrm{id}_G\}$, ansonsten heiße G instabil. G heiße zentralabelsch, wenn jede abelsche charakteristische Untergruppe im Zentrum enthalten ist.

Satz: 6 Gibt es ein N char G mit $Z(N) \not\subseteq Z(G)$, dann ist G stabil.

Beweis: Es ist dann $\mathfrak{Z}(G \supseteq N) \neq \{\mathrm{id}_G\}$.

Corollar: Ist G instabil, dann gilt $Z(Z(N) \subseteq G) = Z(G)$ für jedes N char G.

Ist G abelsch, dann kann $\mathfrak{A}(G)$ einfach sein. Es gilt jedoch

Satz 7: Jede 2-stufig metabelsche Gruppe und jede nichtabelsche nilpotente Gruppe ist stabil.

Beweis: Sei G metabelsch von der Stufe 2. Es ist dann $G \supset G' \supset G'' = \{e_G\}$ und $G \supset Z(G)$. Ist $Z(G') = G' \not\subseteq Z(G)$, dann ist $\mathfrak{Z}(G \supseteq G') \neq \{\mathrm{id}_G\}$. Ist $Z(G') = G' \subseteq Z(G) \subset G$, dann gibt es ein $g_1 \in G$ mit $g_1 \notin Z(G)$. Wegen $\tau(g_1)_{|G'} = \mathrm{id}_{G'}$ und $\tau(g_1)\, g = g_1 g g_1^{-1} = g_1 g g_1^{-1} g^{-1} \cdot g \in G'g$ ist dann $\mathrm{id}_G \neq \tau(g_1) \in$ Stab $(G \supseteq G')$. Für nichtabelsche nilpotente Gruppen ist der Satz bereits bekannt (vgl. Kaloujnine [11], Satz 3).

Ist G zentralabelsch und $\gamma \in$ Stab $(G \supseteq N)$ für ein N char G. Dann ist $n(g) = \gamma g \cdot g^{-1} \in Z(N) \subseteq Z(G)$ und daher $n(gh) = n(g) \cdot n(h)$, $g, h \in G$. Jedes $\gamma \in$ Stab $(G \supseteq N)$ definiert also einen Homomorphismus von G in $Z(G)$.

Satz 8: Sei G zentralabelsch. Genau dann gibt es ein N char G mit Stab $(G \supseteq N) \neq \{\mathrm{id}_G\}$, wenn es ein $\varphi \in \mathrm{Hom}\,(G, Z(G))$ gibt mit $\varphi \neq 0$ und $\varphi\xi\varphi = 0$ für jedes $\xi \in \mathfrak{A}(G)$, d. h. $\varphi\xi\varphi g = e_G$ für alle $g \in G$.

Beweis: Sei N char G gegeben mit Stab $(G \supseteq N) \neq \{\mathrm{id}_G\}$ und $\gamma \in$ Stab$(G \supseteq N)$ mit $\gamma \neq \mathrm{id}_G$. Wir definieren φ durch $\varphi g = n(g) = \gamma g \cdot g^{-1} \in Z(N) \subseteq Z(G)$. Ist $\xi \in \mathfrak{A}(G)$, dann folgt wegen $Z(N)$ char G: $\varphi\xi\varphi g = n(\xi n(g)) = e_G$ wegen $\xi n(g) \in Z(N) \subseteq N$. Sei umgekehrt $0 \neq \varphi \in \operatorname{Hom}(G, Z(G))$ gegeben mit $\varphi\xi\varphi = 0$ für jedes $\xi \in \mathfrak{A}(G)$. Es ist dann $\{e_G\} \neq Z_\varphi = \dot{\bigcup}_{\xi \in \mathfrak{A}(G)} \xi\varphi G$ char G. Wird $\gamma_\varphi \in \mathfrak{A}(G)$ definiert durch $\gamma_\varphi g = \varphi g \cdot g$ für alle $g \in G$, dann ist $\gamma_\varphi \neq \mathrm{id}_G$ und $\gamma_\varphi \in \operatorname{Stab}(G \supseteq Z_\varphi)$, denn es ist $\gamma_\varphi \mathfrak{z} = \varphi\mathfrak{z} \cdot \mathfrak{z} = \mathfrak{z}$ für $\mathfrak{z} \in Z_\varphi$ und $\gamma_\varphi g \cdot g^{-1} = \varphi g \in Z_\varphi$.

Satz 9: Ist eine instabile Gruppe Produkt zweier abelscher Untergruppen, dann ist sie selbst abelsch (vgl. hierzu § 2 Satz 6 und 8).

Beweis: Nach N. Itô [10] ist diese Gruppe metablesch. Der Rest folgt aus Satz 7.

§ 2 Stabilitätsgruppen auflösbarer Gruppen und Schreierscher Erweiterungen mit teilerfremden Ordnungen

Satz 1: Sei $G = N \cdot F \rhd N$, $(|N|, |F|) = 1$. Für das Zentrum $Z(G)$ gilt $Z(G) = Z_1 \cdot Z_2$ mit

$$Z_1 = Z(G) \cap N = Z(N) \cap M_N = Z(G) \cap M_N = Z(G) \cap Z(N),$$

$$Z_2 = Z(G) \cap F = Z(F) \cap N_F = Z(G) \cap N_F = Z(G) \cap Z(F).$$

Beweis: Nach Kapitel I § 1 Satz 7 (Szép) folgt $Z_1 = Z(G) \cap N$ und $Z_2 = Z(G) \cap F$. $n \in N$ gehört zu $Z(G)$ genau dann, wenn $n \in Z(N)$ und $n \in N(F \subseteq G) = M_N \cdot F$ ist, $f \in F$ gehört zu $Z(G)$ genau dann, wenn $f \in Z(F)$ und $f \in N_F$ ist. Das übrige folgt aus $M_N \subseteq N, Z(N) \subseteq N, Z_1 \subseteq M_N, Z_1 \subseteq Z(N)$ und $N_F \subseteq F, Z(F) \subseteq F, Z_2 \subseteq N_F$, $Z_2 \subseteq Z(F)$.

Satz 2: Sei $G = N \cdot F \rhd N$, $(|N|, |F|) = 1$. Ist $Z(N) \subseteq Z(G)$ und $Z(N_F) \subseteq Z(G)$, (das ist immer der Fall, wenn G zentralabelsch ist), dann gilt: $Z(G) = Z(N) \cdot Z(N_F)$.

Der *Beweis* folgt aus Satz 1.

Wie man aus Satz 1 abliest, ist $M_N \supseteq Z(N)$ für $Z(N) \subseteq Z(G)$. Daraus folgt

Satz 3: Ist die Anzahl der Repräsentantengruppen von G/N in G kein Teiler von $|N/Z(N)|$, dann ist G stabil.

Beweis: Es ist dann $M_N \not\supseteq Z(N)$, also $Z(N) \not\subseteq Z(G)$.

Satz: 4 Sei $G = N \cdot F \rhd N$, $(|N|, |F|) = 1$, N abelsch. Ist G zentralabelsch, dann ist F normal in G, d. h. $G = N \times F$ und $Z(G) = N \cdot Z(F)$.

Beweis: Aus $M_N \supseteq Z(N) = N$ folgt $M_N = N$, also $F \lhd G$.

Satz 5: Sei G zentralabelsch und $G = \prod_{\iota=1}^{s} H_\iota$, $(|H_\iota|, |H_\varkappa|) = 1$ für $\iota \neq \varkappa$, $H_\iota \lhd H_\iota \cdot H_\varkappa$ für $\iota < \varkappa$ $(\iota, \varkappa = 1, \ldots, s)$. Dann gilt $Z(G) = \prod_{\iota=1}^{s} Z(N_\iota)$, wobei N_ι der maximale in H_ι enthaltene Normalteiler von G ist.

Beweis: Wegen $H_\iota \lhd H_\iota \cdot H_\varkappa$ für $\iota < \varkappa$ ist N_ι auch der maximale in H_ι enthaltene Normalteiler von $\prod_{\varkappa=1}^{\iota} H_\varkappa$. Wegen $\prod_{\varkappa=1}^{\iota} H_\varkappa \lhd G$ für $\iota = 1, \ldots, s$ ist $\prod_{\varkappa=1}^{\iota} H_\varkappa$ char G, und da $N_{\iota+1}$ char $(\prod_{\varkappa=1}^{\iota} H_\varkappa) \cdot H_{\iota+1}$ (vgl. Kapitel II § 2 Satz 3) und daher $N_{\iota+1}$ char G, folgt

$Z(\prod_{\varkappa=1}^{\iota} H_\varkappa) \subseteq Z(G)$ und $Z(N_{\iota+1}) \subseteq Z(G)$. Wegen $Z(\prod_{\varkappa=1}^{\iota} H_\varkappa) \subseteq \prod_{\varkappa=1}^{\iota+1} H_\varkappa$ und $Z(N_{\iota+1}) \subseteq \prod_{\varkappa=1}^{\iota+1} H_\varkappa$ haben wir $Z(\prod_{\varkappa=1}^{\iota} H_\varkappa) \subseteq Z(\prod_{\varkappa=1}^{\iota+1} H_\varkappa)$ und $Z(N_{\iota+1}) \subseteq Z(\prod_{\varkappa=1}^{\iota+1} H_\varkappa)$. Damit sind aber die Voraussetzungen zu Satz 2 erfüllt, und es ist daher $Z(\prod_{\varkappa=1}^{\iota+1} H_\varkappa) = Z(\prod_{\varkappa=1}^{\iota} H_\varkappa) \cdot Z(N_{\iota+1})$. Vollständige Induktion nach ι zeigt dann die Behauptung.

Satz 6: Sind unter den Voraussetzungen von Satz 5 die Gruppen H_ι abelsch ($\iota = 1, \ldots, s$), dann ist G selbst abelsch.

Beweis durch vollständige Induktion: Es ist $Z(H_1) = H_1$. Sei jetzt $\prod_{\varkappa=1}^{\iota} H_\varkappa = Z(\prod_{\varkappa=1}^{\iota} H_\varkappa)$.

Wie in Satz 5 beweist man $Z(\prod_{\varkappa=1}^{\iota+1} H_\varkappa) = Z(\prod_{\varkappa=1}^{\iota} H_\varkappa) \cdot Z(N_{\iota+1})$. Nach Satz 4 ist aber $N_{\iota+1} = H_{\iota+1}$. Daraus folgt dann $Z(\prod_{\varkappa=1}^{\iota+1} H_\varkappa) = (\prod_{\varkappa=1}^{\iota} H_\varkappa) \cdot H_{\iota+1}$ und daraus die Behauptung.

Satz 7: Sei G auflösbar und zentralabelsch. $H_1, \ldots, H_s$ sei ein vollständiges System paarweise vertauschbarer Hallgruppen von G (also $H_\iota \cdot H_\varkappa = H_\varkappa \cdot H_\iota$ und $(|H_\iota|, |H_\varkappa|) = 1$ für $\iota \neq \varkappa$, $G = \prod_{\iota=1}^{s} H_\iota$). Dann gilt $Z(G) = \prod_{\iota=1}^{s} Z(N_\iota)$, wobei N_ι der maximale in H_ι enthaltene Normalteiler von G ist.

Beweis: Wie in Kapitel II § 1 Corollar zu Satz 4 beweist man N_ι char G. Daher ist $Z(N_\iota) \subseteq Z(G)$ für $\iota = 1, \ldots, s$. Wie in Kapitel II § 1 Satz 5 beweist man $Z(G) = \prod_{\iota=1}^{s} (H_\iota \cap Z(G))$. Sei $M_\iota = N(\prod_{\substack{\varkappa=1\\ \varkappa\neq\iota}}^{s} H_\varkappa \subseteq G) \cap H_\iota$. Aus $H_\iota \cap Z(G) = Z(H_\iota) \cap M_\iota \cap N_\iota \subseteq Z(N_\iota) \subseteq H_\iota \cap Z(G)$ folgt $H_\iota \cap Z(G) = Z(N_\iota)$, und daraus die Behauptung.

Satz 8: Sind unter den Voraussetzungen von Satz 7 die Gruppen H_ι abelsch ($\iota = 1, \ldots, s$), dann ist G selbst abelsch.

Beweis: Da sämtliche Sylowgruppen abelsch sind, genügt es, den Beweis für den Fall $H_\iota = P_\iota$ ($P_\iota = p_\iota$-Sylowgruppe von G) zu führen ($\iota = 1, \ldots, s$). Aus dem Beweis zu Satz 7 entnehmen wir $M_\iota \supseteq N_\iota$ ($\iota = 1, \ldots, s$). Es soll jetzt $M_\iota \subseteq N_\iota$ bewiesen werden. Den Beweis führen wir für $\iota = 1$ durch. Setzen wir $U_1 = P_1$ und $U_2 = P_2 \cdot \ldots \cdot P_s$, dann erhalten wir die Gruppe G als Produkt von U_1 und U_2. Für die dazugehörigen Gruppen M_ι und N_ι ($\iota = 1, 2$) gilt natürlich auch $M_\iota \supseteq N_\iota$. Für $m_1 \in M_1$, $u_1 \in U_1$, $u_2 \in U_2$ erhalten wir: $u_{21}(u_1 m_1) = u_{21} u_1 \cdot m_1 = m_1 \cdot (m_{12} u_2)_1 u_1 = u_{21}(m_1 u_1)$, d. h. es ist $m_{12} u_2 \in u_2 N_2$. Wegen $N_2 \subseteq M_2$ erhalten wir $m_{12} u_2 = m_2 \cdot u_2$ für ein $m_2 \in M_2$. Dann ist aber $m_{1\,2}^{r} u_2 = m_2^{r} \cdot u_2$, und daher $m_2 = e_G$ wegen $(|m_1|, |m_2|) = 1$, also $m_{12} u_2 = u_2$ für alle $u_2 \in U_2$, d. h. $m_1 \in N_1$. In dem Produkt G von U_1 und U_2 haben wir somit $N_1 = M_1$. N_1 und M_1 gehören aber auch zu dem Produkt G von $P_1, \ldots, P_s$. Daher haben wir, wenn wir uns den Beweis für alle ι ($\iota = 1, \ldots, s$) durchgeführt denken: $M = M_1 \cdot \ldots \cdot M_s = N_1 \cdot \ldots \cdot N_s \triangleleft G$, wobei M der zu der Sylowbasis $P_1, \ldots, P_s$ gehörige Hallsche Systemnormalisator ist. Der ist aber nie normal, es sei denn, er stimmte mit G überein. Dann ist also $G = M$, und da M nilpotent ist, ist G dann abelsch.

Sei jetzt wieder $G = N \cdot F \rhd N$, $(|N|, |F|) = 1$ und $\gamma \in \operatorname{Stab}(G \supseteq N)$. Dann gilt für $f \in F$, $n \in N$: $\gamma f = n(f) \cdot f$ mit $n(f) \in Z(N)$ und $\gamma n = n$ für alle $n \in N$. Es gibt ein $n^+ \in N$ mit $\varphi = \tau(n^+)\,\gamma_{|F} \in \mathfrak{A}(F)$. Dann ist mit den Bezeichnungen von Kapitel II § 2: $\gamma_1 = \tau(n^+)\,\gamma = \tau({}^+n)_{|N} \cdot \varphi$. $\tau(n^+)_{|N} \in \mathfrak{A}(N)$ und $\varphi \in \mathfrak{A}(F)$ sind also zusammengehörende zulässige Automorphismen. Es gilt daher

1) $\tau(n^+)\,\tau(f)\,\tau(n^+)^{-1}{}_{|N} = \tau(\varphi f)_{|N}$. Wegen $n(f) \cdot f = \tau(n^+)^{-1}\,\gamma_1 f = \gamma f$ und $n(f) \in Z(N)$ haben wir 2) $n(f) \cdot \tau(n^+) f = \varphi f$. Aus 2) folgt 1). Es ist deswegen notwendig und hinreichend, 2) zu erfüllen. Wegen $n(f) \in Z(N)$ ist $\tau(n^+) f \in Z(N) \cdot \varphi f$, d. h. $n^+ \cdot \tau(f)\, n^{+-1} \cdot f \in Z(N) \cdot \varphi f$. Wegen $N \cap F = \{e_G\}$ ist dann $\varphi = \mathrm{id}_F$ und $\tau(f)\, n^+ \in n^+ Z(N)$. Sei andererseits $n^+ \in N$ so gewählt, daß für alle $f \in F$ gilt $\tau(f)\, n^+ \in n^+ Z(N)$, dann ist $\tau(f)\, n^+ = n^+ \cdot z(f)$ für ein $z(f) \in Z(N)$ und $f = z(f) \cdot \tau(n^+) f$. Setzen wir $z(f) = n(f)$, dann ist 2) erfüllt, und $\gamma_1 = \tau(n^+)_{|N} \cdot \mathrm{id}_F$ ist Automorphismus von G mit $\gamma = \tau(n^{+-1})\,\gamma_1 \in \operatorname{Stab}(G \supseteq N)$ und $n(fn) = n(nf) = n(f) = \gamma g \cdot g^{-1}$. Damit erhalten wir

Satz 9: Sei $G = N \cdot F \rhd N$, $(|N|, |F|) = 1$. Für ein $\gamma \in \mathfrak{A}(G)$ gilt $\gamma \in \operatorname{Stab}(G \supseteq N)$ genau dann, wenn es ein $n^+ \in N$ gibt mit $\tau(f)\, n^+ \in n^+ Z(N)$ für alle $f \in F$, so daß $\gamma = \mathrm{id}_N \cdot \tau(n^{+-1})_{|F}$.

Da der Index in N von $M^+ = \{n^+ \in N \mid \tau(f)\, n^+ \in n^+ Z(N)\}$ gerade die Anzahl der Repräsentantengruppen von G/N in $G/Z(N)$ angibt, und da $M^+ \supseteq M_N$, erhalten wir

Satz 10: (Vgl. Satz 3.) Ist die Anzahl der Repräsentantengruppen von G/N in G $(= N \cdot F \rhd N, (|N|, |F|) = 1)$ ungleich der von G/N in $G/Z(N)$, dann ist G stabil.

Nach R. Baer [2] wird unter den Voraussetzungen von Satz 9 jeder Automorphismus $\gamma \in \operatorname{Stab}(G \supseteq N)$ durch einen inneren Automorphismus $\tau(z)$ mit $z \in Z(N)$ geliefert. $\operatorname{Stab}(G \supseteq N)$ ist also nichttrivial genau dann, wenn $Z(N) \nsubseteq Z(G)$. Das ist aber gleichwertig mit Satz 9. Ist nämlich $Z(N) \subseteq Z(G)$, dann folgt aus $\tau(f)\, n^+ \in n^+ Z(N)$ auch $\tau(f)\, n^+ \in n^+ Z(G)$ und $\tau(f)\, n^+ = n^+ z$ für ein $z \in Z(G)$. Deswegen ist $\tau(f^k)\, n^+ = n^+ z^k$ und wegen der Teilerfremdheit von $|F|$ und $|N|$ dann $z = e_G$. Somit ist $\tau(f)\, n^+ = n^+$ für alle $f \in F$, also $n^+ \in M_N$. Ist $Z(N) \nsubseteq Z(G)$, dann gibt es ein $n \in Z(N)$ mit $n \notin Z(G)$. Offenbar gilt $\tau(f)\, n \in n Z(N)$ für alle $f \in F$. Ist $\tau(f)\, n = n$ für alle $f \in F$, dann ist $n \in Z(G)$. Damit ist aber alles bewiesen.

Hieraus erhalten wir mit Satz 1 als zu dem Satz von R. Baer äquivalente Aussage das cohomologisch unmittelbar einzusehende

Corrollar: Sind G und A zwei Gruppen mit teilerfremden Ordnungen, und ist A abelsch und im Sinne der Cohomologietheorie ein G-Modul, dann ist die erste Cohomologiegruppe $H^1(G, A) = 0$.

Sei wieder $G = N \cdot F \rhd N$, $(|N|, |F|) = 1$, G zentralabelsch, und sei C_1 char G. Nach Satz 2 ist $Z(G) = Z(N) \cdot Z(N_F)$. Nach Satz 8 des vorigen Paragraphen gibt es ein C char G mit $C \supseteq C_1$ und $\operatorname{Stab}(G \supseteq C) \neq \{\mathrm{id}_G\}$ genau dann, wenn es ein $\varphi \in \operatorname{Hom}(G, Z(G))$ gibt mit $\varphi \xi \varphi = 0$ für alle $\xi \in \mathfrak{A}(G)$ und $C_1 \subseteq \operatorname{Kern} \varphi$. Die eine Richtung der Behauptung ist klar. Die andere folgt für $C = C_1 \cdot Z_\varphi$ char G. Ist $\psi = \varphi_{|N} \in \operatorname{Hom}(N, Z(N))$, dann gilt $\psi \xi \psi = 0$ für alle $\xi \in \mathfrak{A}(G)$.

Satz 11: Sei $G = N \cdot F \rhd N$, $(|N|, |F|) = 1$, G zentralabelsch, $C_1 \subseteq N$, C_1 char G. Genau dann ist $\varphi \in \operatorname{Hom}(G, Z(G))$ mit $C_1 \subseteq \operatorname{Kern} \varphi$, wenn $\psi = \varphi_{|N} \in \operatorname{Hom}(N, Z(N))$, $C_1 \subseteq \operatorname{Kern} \psi$ und für alle $n \in N, f \in F$ gilt $\psi n = \psi \tau(f)\, n$.

Beweis: Aus $\varphi \in \mathrm{Hom}(G, Z(G))$ folgt $\varphi f \cdot \varphi n = \varphi \tau(f)\, n \cdot \varphi f$. Wegen $\psi n \in Z(N) \subseteq Z(G)$ ist das gleichwertig mit $\psi n = \psi \tau(f)\, n$. Für $\psi \in \mathrm{Hom}(N, Z(N))$ mit $\psi n = \psi \tau(f)\, n$ für alle $n \in N, f \in F$ setzen wir $\varphi_{|F} = 0$. Dann ist $\varphi \in \mathrm{Hom}(G, Z(G))$ mit $\varphi(fn) = \varphi(\tau(f)\, n \cdot f) = \psi n \in Z(N) \subseteq Z(G)$.

Gilt $\psi \xi \psi = 0$ für alle $\xi \in \mathfrak{A}(G)$, dann gilt auch $\varphi \xi \varphi = 0$ für alle $\xi \in \mathfrak{A}(G)$, wenn φ wie oben definiert wird, denn es ist $\varphi \xi \varphi(nf) = \varphi \xi \varphi n = \psi \xi \psi n = e_G$. Ist $\varphi \in \mathrm{Hom}$ $(G, Z(G))$ mit $\varphi \xi \varphi = 0$ für alle $\xi \in \mathfrak{A}(G)$ und $\varphi_{|N} = 0$, dann ist $\varphi \in \mathrm{Hom}(G, Z(N_F))$ und $C_1 \subseteq \mathrm{Kern}\, \varphi$. Wir bemerken, daß $\psi n = \psi \tau(f)\, n$ für alle $n \in N, f \in F$ gleichwertig ist mit $[N, F] \subseteq \mathrm{Kern}\, \psi$.

Satz 12: Sei $G = N \cdot F \rhd N$, $(|N|, |F|) = 1$, G zentralabelsch und C_1 char G mit $C_1 \subseteq N$. Genau dann gibt es ein C char G, $C \supseteq C_1$ mit Stab $(G \supseteq C) \neq \{\mathrm{id}_G\}$, wenn eine der folgenden Bedingungen erfüllt ist:

a) Es gibt ein C char G mit $C \subseteq Z(N_F)$ und Stab $(G \supseteq C) \neq \{\mathrm{id}_G\}$.

b) Es gibt ein C char G mit $N \supseteq C \supseteq [N, F] \cdot C_1$ und Stab $(N \supseteq C) \neq \{\mathrm{id}_N\}$.

Beweis: a) ist gleichwertig mit: Es gibt ein $0 \neq \varphi \in \mathrm{Hom}(G, Z(N_F))$, so daß $\varphi \xi \varphi = 0$ für jedes $\xi \in \mathfrak{A}(G)$. b) ist gleichwertig mit: Es gibt ein $0 \neq \psi \in \mathrm{Hom}(N, Z(N))$ mit $\psi \xi \psi = 0$ für alle $\xi \in \mathfrak{A}(G)$ und $\psi n = \psi \tau(f)\, n$ für alle n $\in N, f \in F$, und $C_1 \subseteq$ *Kern* ψ. Denn sei $0 \neq \nu \in$ Stab $(N \supseteq C)$, dann gilt der Hilfssatz: Aus $\nu_{|[N,F]} = \mathrm{id}_{[N,F]}$ folgt: $\nu \in Z(\tau(F)_{|N} \subseteq \mathfrak{A}(N))$. Beweis: $\nu n = \psi n \cdot n$ mit $\psi n \in Z(C) \subseteq Z(G)$. Aus $\nu(\tau(f)\, n \cdot n^{-1}) = \psi \tau(f)\, n \cdot \psi n^{-1} \cdot \tau(f)\, n \cdot n^{-1}$ folgt $\psi \tau(f)\, n \cdot \psi n^{-1} = e_G$. Das ist aber äquivalent mit folgender Kette: $\psi \tau(f)\, n = \psi n$; $[N, F] \subseteq \mathrm{Kern}\, \psi$; $\psi \tau(f)\, n = \tau(f)\, \psi n$ wegen $\psi n \in Z(G)$; $\psi \tau(f)\, n \cdot \tau(f)\, n = \tau(f)\, \psi n \cdot \tau(f)\, n$; $\nu(\tau(f)\, n) = \tau(f)\, (\nu n)$; $\nu \tau(f)\, \nu^{-1}{}_{|N} = \tau(f)_{|N}$. Die letzte Aussage bedeutet aber: $\nu \in Z(\tau(F)_{|N} \subseteq \mathfrak{A}(N))$. Aus diesem Hilfssatz folgt, daß ν zulässig ist und $\gamma = \nu \cdot \mathrm{id}_F$ Automorphismus von G ist mit $\gamma \in$ Stab $(G \supseteq C)$. Es ist $[N, F]$ char G, denn (vgl. Kaloujnine [11], Satz 1) für jedes $\gamma \in \mathfrak{A}(G)$ gibt es ein $n^+ \in N$, so daß $\gamma_1 = \tau(n^{+-1})\, \gamma = \nu \cdot \varphi$ mit $\nu \in \mathfrak{A}(G)$, $\varphi \in \mathfrak{A}(F)$. $[N, F]$ wird erzeugt von den Elementen $\tau(f)\, n \cdot n^{-1} (n \in N, f \in F)$. Es ist $\gamma(\tau(f)\, n \cdot n^{-1}) = \tau(n^+)\, (\tau(\varphi f)\, \nu n \cdot \nu n^{-1}) = (\tau(\varphi f)\, n^+ \cdot n^{+-1})^{-1} \cdot \tau((\varphi f)\, (n^+ n) \cdot (n^+ n)^{-1}$. Hieraus folgt jetzt sofort die Behauptung des Satzes, denn ist $[N, F] \subseteq \mathrm{Kern}\, \psi$, $\psi \in \mathrm{Hom}(N, Z(N))$, $\psi \xi \psi = 0$ für alle $\xi \in \mathfrak{A}(G)$, dann ist nach Satz 11 $\varphi \in \mathrm{Hom}$ $(G, Z(G))$ definiert durch $\varphi_{|N} = \psi$ und $\varphi_{|F} = 0$. Setzt man $C = C_1 \cdot [N, F] \cdot Z_\varphi$ (es ist $Z_\varphi = Z_\psi$!), dann ist γ_φ mit $\gamma_\varphi(nf) = \psi n \cdot nf\, (n \in N, f \in F)$ ein Automorphismus von G mit $\gamma_\varphi \in$ Stab $(G \subseteq C)$.

Aus Satz 12 folgt

Satz 13: Sei $G = N \cdot F \rhd N$, $(|N|, |F|) = 1$ und G zentralabelsch (N ist dann auch zentralabelsch!). Ist G oder N instabil, dann folgt aus $[N, F] \subseteq N(F \subseteq G)$, daß $F \rhd G$.

Beweis: Aus $[N, F] \subseteq N(F \subseteq G) = M_N \times F$ folgt $[N, F] \subseteq M_N$ wegen $[N, F] \subseteq N$, d. h. $\tau(F)_{|N} \subseteq$ Stab $(N \subseteq [N, F])$. Es ist $\tau(F)_{|N} \cong F/N_F$. Ist G instabil, dann folgt $N_F = F$. Wegen $[N, F]$ char G ist $Z(|N, F|) \subseteq Z(G)$ und wegen $Z(G) = Z(N) \cdot Z(N_F)$ dann $Z([N, F]) \subseteq Z(N)$. Dann ist aber $\tau(F)_{|N} \subseteq$ Stab $(N \supseteq Z(N))$. Ist N instabil, dann folgt wieder $N_F = F$.

Aus den Überlegungen dieses Beweises ergibt sich

Satz 14: Sei $G = N \cdot F \rhd N$, $(|N|, |F|) = 1$. Aus $[N, F] \subseteq N(F \subseteq G)$ und $N_F \not\supseteq [F, F]$ (d. h. $\tau(F)_{|N}$ ist nichtabelsch) folgt: Es gibt ein C char G mit $Z(C) \nsubseteq Z(G)$.

Nach dem Corollar zu Satz 13 Kapitel III gilt für jedes $\varphi \in \mathrm{Hom}(G, Z(G))$: $\varphi G = \varphi M_N \cdot \varphi F$, also $\varphi N = \varphi M_N$. Ist $\psi = \varphi_{|N}$, dann gilt Kern $\psi \cdot M_N = N$. Daraus folgt mit Satz 12

Satz 15: Sei $G = N \cdot F \triangleright N$, $(|N|, |F|) = 1$, und sei F selbstnormalisierend und antiinvariant in G. Genau dann ist G stabil, wenn G zentralabelsch ist.

Wird eine Gruppe G durch die Konjugierten einer Untergruppe U erzeugt, und ist $\varphi \in \mathrm{Hom}(G, Z(G))$, dann gilt Kern $\varphi \cdot U = G$. Satz 9 und das Corollar zu Satz 12 des Kapitels III sind daher geeignet, wie für Satz 15 bei zentralabelschen Gruppen Aussagen über die Größe einer charakteristischen Untergruppe mit nichttrivialer Stabilitätsgruppe zu machen. Zu diesem Zweck geben wir noch an

Satz 16: Sei G eine endliche Gruppe mit einem vollständigen System $H_1, \ldots, H_s$ paarweise vertauschbarer Hallgruppen. Ist G zentralabelsch, dann gilt für jedes $\varphi \in \mathrm{Hom}(G, Z(G))$: $\varphi_{|H_\iota} \in \mathrm{Hom}(H_\iota, Z(N_\iota))$ $(\iota = 1, \ldots, s)$. Umgekehrt läßt sich ein $\psi_\iota \in \mathrm{Hom}(H_\iota, Z(N_\iota))$ genau dann zu $\varphi \in \mathrm{Hom}(G, Z(G))$ mit $\varphi_{|H_\iota} = \psi_\iota$ erweitern, wenn für alle $h_\iota \in H_\iota$ und $h_\varkappa \in H_\varkappa$ mit $\varkappa \neq \iota$ gilt $h_\varkappa{}^\iota h_\iota \cdot h_\iota^{-1} \in$ Kern ψ_ι.

Der *Beweis* hierzu ergibt sich sofort, wenn man betrachtet, daß man $\varphi_{|H_\varkappa} = 0$ für $\varkappa \neq \iota$ setzen kann.

Satz 17: Sei G eine endliche zentralabelsche Gruppe mit einem vollständigen System paarweise vertauschbarer Hallgruppen $H_1, \ldots, H_s$. G ist genau dann stabil, wenn es ein C char G gibt mit $C \subseteq Z(N_\iota)$ für ein ι $(\iota = 1, \ldots, s)$ und Stab $(G \supseteq C) \neq \{\mathrm{id}_G\}$.

Literaturverzeichnis

[1] ALTMANN, E., Das allgemeine Produkt zweier Gruppen, Diplomarbeit, Bonn 1964.

[2] BAER, R., Die Zerlegung der Automorphismengruppe einer endlichen Gruppe durch eine Hallsche Kette. J. reine u. angew. Math. 220, 1/2, 45–62 (1965).

[3] BRAUER, W., Zur Theorie der Gruppen vom Galoistyp. Erscheint demnächst in den Forschungsberichten des Landes Nordrhein-Westfalen.

[4] CARTER, R. W., Nilpotent self-normalizing subgroups of soluble groups. Math. Zeitschr. 75, 132–139 (1961).

[5] HALL, P., A note on soluble groups. J. London Math. Soc. 3, 98–105 (1928).

[6] HALL, P., A characteristic property of soluble groups. J. London Math. Soc. 12, 198–200 (1937).

[7] HALL, P., On the Sylow systems of a soluble group. Proc. London Math. Soc. (2) 43, 316–323 (1937).

[8] HALL, P., On the Sylow normalizers of a soluble group. Proc. London Math. Soc. (2) 43, 507–528 (1937).

[9] HUPPERT, B., Über Produkte von endlichen Gruppen. Wiss. Zeitschr. Humboldt-Univ. Berlin 3, 363/364 (1954).

[10] ITÔ, N., Über das Produkt von zwei abelschen Gruppen. Math. Zeitschr. 62, 400/401 (1955).

[11] KALOUJNINE, L., Über gewisse Beziehungen zwischen einer Gruppe und ihren Automorphismen. Bericht Math. Tagung Berlin 1953, 164–172, Deutscher Verlag der Wissenschaften.

[12] KRULL, W., Elementare und klassische Algebra II. § 30. Sammlung Göschen, Band 933.

[13] RÉDEI, L., Die Anwendung des schiefen Produktes in der Gruppentheorie. J. reine u. angewandte Math. 188, 201–228 (1950).

[14] RÉDEI, L., Zur Theorie der faktorisierbaren Gruppen. Acta Math. Sci. Hung. 1, 74–98 (1950).

[15] RÉDEI, L., und J. SZÉP, On factorisable groups. Acta Sci. Math. Szeged 13, 235–238 (1959).

[16] SZÉP, J., Über die als Produkt zweier Untergruppen darstellbaren endlichen Gruppen. Comm. Math. Helv. 22, 31–33 (1949).

[17] SZÉP, J., On the structure of groups which can be represented as the product of two subgroups. Acta Sci. Math. Szeged 12 A, 57–61 (1950).

[18] SZÉP, J., On factorisable, not simple groups. Acta Sci. Math. Szeged 13, 239–243 (1950).

[19] FEIT, W., und J. G. THOMPSON, Solvability of groups of odd order. Pacific J. of Math., Vol. 13, No. 3 (1963).

[20] ZASSENHAUS, H., Lehrbuch der Gruppentheorie 1, Kap. III, § 6. Leipzig und Berlin 1937.

Bezeichnungen und Definitionen

$|a|$ ist die Ordnung eines Elementes a in einer Gruppe G.
A_n ist die Alternierende Gruppe des Grades n.
antiinvariant: Eine Untergruppe U der Gruppe G heißt antiinvariant, wenn der größte in ihr enthaltene Normalteiler von G gleich dem Einselement ist.
$\mathfrak{A}(G)$ ist die Automorphismengruppe von G.
e_G ist das Einselement von G.
φ ist eine Abbildung einer Gruppe G in eine Gruppe H.
$\varphi_{|U}$ ist die Einschränkung von φ auf die Untergruppe U.
$|G|$ ist die Ordnung der Gruppe G.
$[G : U]$ ist der Index der Untergruppe U in der Gruppe G.
Hom $[G, H]$ ist die Menge der Homorphismen der Gruppe G in die Gruppe H.
id_G ist die identische Abbildung der Gruppe G in sich.
M_ι siehe S. 8.
M_N siehe S. 15.
N_ι siehe S. 8.
N_F siehe S. 15.
$n(g)$ siehe S. 21.
$N \triangleleft G$ heißt: N ist Normalteiler von G.
$N(U \subseteq G)$ ist der Normalisator der Untergruppe U in der Gruppe G.
S_G ist die Menge der Elemente der Gruppe G.
S_n ist die Symmetrische Gruppe des Grades n.
Stab $(G \supseteq N)$ siehe S. 21.
stabil siehe S. 22.
$\tau(g)$ ist der durch ein Element g induzierte innere Automorphismus.
$\tau(U)$ ist die durch die Untergruppe U induzierte innere Automorphismengruppe der Gruppe G.
U char G heißt: U ist charakteristische Untergruppe von G.
$U \subseteq G$ heißt: U ist Untergruppe von G.
$U \subset G$ heißt: U ist echte Untergruppe von G.
zentralabelsch siehe S. 22.
Z_φ siehe S. 23.
$Z(G)$ ist das Zentrum der Gruppe G.
$\mathfrak{Z}(G \subseteq N)$ siehe S. 22.
$Z(U \subseteq G)$ ist der Zentralisator der Untergruppe U in der Gruppe G.

Forschungsberichte des Landes Nordrhein-Westfalen

Herausgegeben im Auftrage des Ministerpräsidenten Heinz Kühn
von Staatssekretär Professor Dr. h. c. Dr. E. h. Leo Brandt

Sachgruppenverzeichnis

Acetylen · Schweißtechnik

Acetylene · Welding gracitice
Acétylène · Technique du soudage
Acetileno · Técnica de la soldadura
Ацетилен и техника сварки

Arbeitswissenschaft

Labor science
Science du travail
Trabajo científico
Вопросы трудового процесса

Bau · Steine · Erden

Constructure · Construction material · Soil research
Construction · Matériaux de construction · Recherche souterraine
La construcción · Materiales de construcción · Reconocimiento del suelo
Строительство и строительные материалы

Bergbau

Mining
Exploitation des mines
Minería
Горное дело

Biologie

Biology
Biologie
Biologia
Биология

Chemie

Chemistry
Chimie
Quimica
Химия

Druck · Farbe · Papier · Photographie

Printing · Color · Paper · Photography
Imprimerie · Couleur · Papier · Photographie
Artes gráficas · Color · Papel · Fotografía
Типография · Краски · Бумага · Фотография

Eisenverarbeitende Industrie

Metal working industry
Industrie du fer
Industria del hierro
Металлообработывающая промышленность

Elektrotechnik · Optik

Electrotechnology · Optics
Electrotechnique · Optique
Electrotécnica · Optica
Электротехника и оптика

Energiewirtschaft

Power economy
Energie
Energía
Энергетическое хозяиство

Fahrzeugbau · Gasmotoren

Vehicle construction · Engines
Construction de véhicules · Moteurs
Construcción de vehículos · Motores
Производство транспортных · Средств

Fertigung

Fabrication
Fabrication
Fabricación
Производство

Funktechnik · Astronomie

Radio engineering · Astronomy
Radiotechnique · Astronomie
Radiotécnica · Astronomía
Радиотехника и астрономия

GPSR Compliance
The European Union's (EU) General Product Safety Regulation (GPSR) is a set of rules that requires consumer products to be safe and our obligations to ensure this.

If you have any concerns about our products, you can contact us on

ProductSafety@springernature.com

In case Publisher is established outside the EU, the EU authorized representative is:

Springer Nature Customer Service Center GmbH
Europaplatz 3
69115 Heidelberg, Germany

www.ingramcontent.com/pod-product-compliance
Lightning Source LLC
LaVergne TN
LVHW060146080526
838202LV00049B/4098
* 9 7 8 3 3 2 2 9 6 0 8 3 2 *